变电运维安全管理

培训教材

BIANDIAN YUNWEI ANQUAN GUANLI
PEIXUN JIAOCAI

本书编委会　组编

中国电力出版社
CHINA ELECTRIC POWER PRESS

内 容 提 要

　　本书结合电力企业变电运维专业实际，立足现场运维工作，强调安全风险管控，突出实用性和可操作性，对各种规章制度在现场落地执行提供了一种思路和方法，有效提升变电运维班组的安全管理水平。

　　全书共 10 章，包括变电运维作业现场反违章管理，设备运维的安全要求，智能变电站的运维安全，变电站人身安全管控，电气设备倒闸操作安全风险管控，变电站常用安全工器具管理，变电站现场作业安全管控，变电站基建（技改）工程施工安全，外来人员安全管理，变电站治安消防安全管理。

　　本书内容力求深入浅出，供广大电力企业变电运维专业的相关人员使用，也可以供新进变电运维员工学习培训。

图书在版编目（CIP）数据

变电运维安全管理培训教材 / 《变电运维安全管理培训教材》编委会组编. —北京：中国电力出版社，2017.12
ISBN 978-7-5198-1338-3

Ⅰ. ①变…　Ⅱ. ①变…　Ⅲ. ①变电所–电力系统运行–安全管理–技术培训–教材　Ⅳ. ①TM63

中国版本图书馆 CIP 数据核字（2017）第 270567 号

出版发行：中国电力出版社
地　　址：北京市东城区北京站西街 19 号（邮政编码 100005）
网　　址：http://www.cepp.sgcc.com.cn
责任编辑：崔素媛（cuisuyuan@gmail.com）
责任校对：王小鹏
装帧设计：赵姗姗
责任印制：杨晓东

印　　刷：三河市百盛印装有限公司
版　　次：2017 年 12 月第一版
印　　次：2017 年 12 月北京第一次印刷
开　　本：787 毫米×1092 毫米　16 开本
印　　张：12.25
字　　数：253 千字
印　　数：0001—2000 册
定　　价：42.00 元

本书编委会

编委会主任　乐全明　陶鸿飞

副　主　任　沈　祥　魏伟明

主　　　编　姚建立　丁　梁

副　主　编　茹惠东　连亦芳　陈　德

参　　　编　王　雷　王明初　朱　峰　朱　伟

　　　　　　吕　丹　刘　学　肖　萍　沈　达

　　　　　　李俊华　陈魁荣　张怀勋　杨才明

　　　　　　杨光权　杨德超　周　欣　金　路

　　　　　　胡雪平　骆培富　商　钰　章赞武

　　　　　　蒋吉荪

（编委按姓氏笔画排名，不分先后）

前　言

　　安全是电力生产的主题曲，更是电力企业安全管控的永恒主题。本书编者立足变电运维专业，坚持"安全第一，预防为主，综合治理"的安全工作方针，以提升作业现场安全管理及风险管控为主要目的，从《国家电网公司变电运维管理规定》等五项通用制度出发，结合各项安全规章制度，特编写本书。

　　本书由经验丰富的现场安全管理人员经过一年多的时间编写完成。该书密切联系变电运维安全工作实际，介绍了变电运维作业现场反违章管理，设备运维的安全要求，智能变电站的运维安全，变电站人身安全管控，电气设备倒闸操作安全风险管控，变电站常用安全工器具管理，变电站现场作业安全管控，变电站基建（技改）工程施工安全，外来人员安全管理，变电站治安消防安全管理。本书内容深入浅出、通俗易懂，突出了现场作业的实用性和可操作性。对现场一些执行上的事项进行了总结和明确，为现场作业具体执行过程提供了一些思路和方法，希望能对广大变电运维人员有所帮助。

　　限于编者水平，书稿中难免有疏漏和不妥之处，恳请广大专家和读者批评指正，使之不断完善。

目　录

第一章

变电运维作业现场反违章管理

为进一步强化和规范变电运维专业的反违章管理，提升变电运维人员现场作业安全技能水平，必须严格执行各项规章制度。坚持"以人为本，关爱生命，相互关爱，互保平安"的安全生产理念，以"三铁"（铁的制度、铁的面孔、铁的处理）反"三违"（违章指挥、违章作业、违反劳动纪律）的反违章要求，大力打击和严肃查纠变电运维人员的各类违章行为，坚决消除变电运维安全生产管理工作中的各个薄弱环节和问题，深入分析违章根源，探讨并制订有效措施，切实提高变电运维人员的现场安全工作能力，养成遵章守纪的良好习惯，确保电力生产中人身、电网和设备的安全。

第一节　变电运维作业现场反违章管理概述

变电运维的主要工作有运维班管理、生产准备、设备巡视、倒闸操作、故障及异常处理、工作票执行、设备维护。变电运维人员在实际工作中，由于种种原因，违章现象时有发生，且违章行为呈现多样化。为了防止事故和差错的发生，确保变电站人员、电网、设备安全，就要加强变电运维反违章管理。

一、违章的定义

违章是指在电力生产活动过程中，违反国家和行业安全生产法律法规、规程标准，违反国家电网公司安全生产规章制度、反事故措施、安全管理要求等，可能对人身、电网和设备构成危害并诱发事故的人的不安全行为、物的不安全状态和环境的不安全因素。

二、违章分类

违章分为行为违章、装置违章和管理违章三类。

（1）行为违章是指现场作业人员在电力建设、运行、检修等生产活动过程中，违反保证安全的规程、规定、制度、反事故措施等的不安全行为。

（2）装置违章是指生产设备、设施、环境和作业使用的工器具及安全防护用品不满足规程、规定、标准、反事故措施等的要求，不能可靠保证人身、电网和设备安全的不安全状态。

（3）管理违章是指各级领导、管理人员不履行岗位安全职责，不落实安全管理要求，不执行安全规章制度等的各种不安全作为。

违章按照可能造成的后果分为严重违章和一般违章。

三、变电运维安全生产反违章要点

1. 变电运维班组安全生产反违章要点

（1）安全目标责任制

1）班组应有年度安全管理目标和具体措施，并在月度计划中具体布置落实。

2）班组与职工签订岗位安全生产承包责任书，有适合班组安全目标、岗位履职和工作质量等的经济责任制考核办法，考核执行记录齐全。

3）目标和具体措施、岗位安全生产承包责任书等内容符合班组安全管理工作的要求。

（2）工作票、操作票和交接班制、巡回检查制、设备定期试验轮换制（以下简称"两票三制"）

1）工作票、操作票执行符合流程、管理制度的要求。

2）工作票、操作票统计、分析、评价、考核工作符合管理制度的要求。

3）按规定执行交接班制度。

4）设备日常、特殊巡视执行符合规定要求。

5）设备定期试验轮换按规定进行。

6）实行"两票三制"定期检查，并按制度实施考核。

（3）相关人员安全管理

1）执行工作票、操作票的相关人员均经有关部门正式发文公布。

2）操作票、工作票所填写的人员资质均符合规定要求。

3）外来人员的资质均符合相关规定的要求。

4）对单独巡视高压设备的人员实行确认制度。

（4）防误闭锁装置管理

1）日常管理符合防误操作装置管理的相关制度。

2）解锁钥匙的使用、管理符合相关制度规定。

3）无防误操作装置缺陷，及时消除防误操作装置缺陷。

4）相关人员清楚防误操作装置解锁的有关程序和规定。

（5）治安消防管理

1）消防器具符合要求，台账齐全，填写正确。

2）重点防火区域图等相关资料齐全，电缆隧道（沟）和夹层、端子箱等电缆孔洞的防火封堵符合要求。

3）定期进行防火封堵情况的检查，记录齐全。

4）按要求开展治安、消防巡查，记录齐全。

5）技防设施报警装置完好，并定期检查、试验维护，记录齐全。

6）按规定定期开展治安、消防活动（会议），且记录完整、齐全。实施动火工作票制度，票面填写、执行符合相关规定。

7）全体人员达到"四懂四会"（即懂基本消防常识、懂本岗位产生火灾的危险源、懂本岗位预防火灾的措施、懂疏散逃生方法；会报火警、会使用灭火器材灭火、会查改火灾隐患、会扑救初期火灾）的要求。

（6）防小动物管理

1）防小动物设施齐全、完好，无小动物进入室内的可能。

2）定期进行防小动物检查，记录齐全。

3）防小动物封堵情况完好，施工中每天进行临时封堵并检查，施工完毕后封堵完好及时。

（7）安全设施及标志规范化管理

1）安全围栏、各类爬梯及防护、栏杆、安全挡（盖）板等设施齐全、完好。

2）设备命名牌、安全警示牌正确、齐全，并符合要求。

3）设备接地、接地桩标示明显。

4）变电站生产区域与非生产区域隔离设施完好，限速、限高等警告、警示标志齐全完好。

5）巡视路线、防绊、防碰、防踏空等标志齐全明显。

（8）安全工器具

1）工器具台账和试验记录完整、齐全，账、卡、物一致。

2）工器具试验报告、合格标签齐全完好，无超试验周期的工器具。

3）工器具存放符合规定条件，存放符合定置管理的要求，且不同规格、型号工器具分区清晰不易误用。

4）定期进行检查且记录齐全、完整。

5）工器具数量足够且符合配备标准。

6）工器具室内无不合格及报废的工器具，全体人员能正确使用安全工器具。

（9）安全活动

1）按有关规定开展周安全日活动，且记录齐全、完整。

2）参加人员、补课人员签名齐全。

3）活动内容符合有关规定和要求。

4）活动记录符合要求，有学习、有讨论、有分析、有发言、有总结、有录音，针对性强。

5）活动中学习的文件、通报及相关资料齐全，整理、归档符合要求。

6）做到活动内容人人清楚、事故教训人人记住。

7）上级部门（单位）相关人员对活动进行了审阅、评价。

（10）反违章工作

1）开展反违章自查自纠工作，且记录齐全，建立了相应的、符合上级和本班组实际的反违章考核制度，并按制度实施。

2）对违章情况进行分析，并采取相应的措施。

3）针对兄弟班组、部门、单位的违章进行分析并对照自查。

（11）现场作业管理

1）针对变电站倒闸操作进行风险管理，执行倒闸操作"六要、七禁、八步、一流程"作业规范。

2）对大型的倒闸操作应制订停复役方案，并将相应的危险点、风险及控制措施告知全体班组成员，且记录齐全。

3）执行变电工作票"六要、七禁、八步、一流程"作业规范。具体见本书第七章第二节。

4）根据现场工作范围、工作量、人员状况等实际情况，按要求进行作业现场的安全监护，且记录齐全。

5）对外来施工单位（包括零星工作），按照职责、结合变电站实际组织安全技术交底，并有书面交底材料、施工单位人员签名记录等。

（12）外来人员安全管理

1）外来人员工作前组织安全教育，安全教育记录符合现场安全要求，一式二份，外来人员应有现场负责人。

2）外来人员应有符合要求的工作证件并有出入登记记录。

3）对进入设备区域作业的外来人员应进行全程监护，未发生外来人员违反有关规定的情况。

2. 变电运维现场各类作业反违章要点

（1）高压设备巡视

1）例行及全面巡视。

① 执行设备巡视检查制度，执行标准化巡视卡，巡视卡与现场实际相符。

② 变电站的正常巡视是否按周期开展。

③ 设备巡视后的值班日志或巡视检查维护记录是否完整，相关抄录的数据是否正常；是否进行数据比对、分析得出结论。

④ 班组管理人员是否定期参加巡视，并监督、考核巡视检查质量。

2）熄灯巡视。

① 变电站的熄灯巡视是否按周期开展，重点检查设备有无电晕、放电、接头有无过热现象。

② 发现异常和缺陷，是否及时汇报，记录是否完善。

3）特殊巡视。

① 遇到设备因运行环境、方式变化，如大风后，雷雨后，冰雪、冰雹后、雾霾过程

中，还有新设备投入运行后，设备经过检修、改造或长期停运后重新投入系统运行后，设备缺陷有发展时，设备发生过负载或负载剧增、超温、发热、系统冲击、跳闸等异常情况，法定节假日、上级通知有重要供电任务时，电网供电可靠性下降或存在发生较大电网事故（事件）风险时段等，是否安排针对性特巡。

② 发现异常和缺陷，是否及时汇报，记录是否完善。

（2）倒闸操作

1）变电站倒闸操作流程"六要、七禁、八步、一流程"。

① 六要：

a. 要有考试合格并经批准公布的操作人员名单。

b. 要有明显的设备现场标志和相别色标。

c. 要有正确的一次系统模拟图。

d. 要有经批准的现场运行规程和典型操作票。

e. 要有确切的操作指令和合格的倒闸操作票。

f. 要有合格的操作工具和安全工器具。

② 七禁：

a. 严禁无资质人员操作。

b. 严禁无操作指令操作。

c. 严禁无操作票操作。

d. 严禁不按操作票操作。

e. 严禁失去监护操作。

f. 严禁随意中断操作。

g. 严禁随意解锁操作。

③ 八步：

第一步：接受调控中心预令，填写操作票。

第二步：审核操作票正确。

第三步：明确操作目的，做好危险点分析和预控。

第四步：接受调控中心正令，模拟预演。

第五步：核对设备命名和状态。

第六步：逐项唱票复诵操作并勾票。

第七步：向调控中心汇报操作结束及时间。

第八步：改正图板，签销操作票，复查评价。

④ 一流程：倒闸操作流程，如图 1-1 所示。

2）接受调控中心预令。

① 接受调控中心预令应由正值及以上岗位当班变电运维人员进行，接令时双方互通站名、姓名。

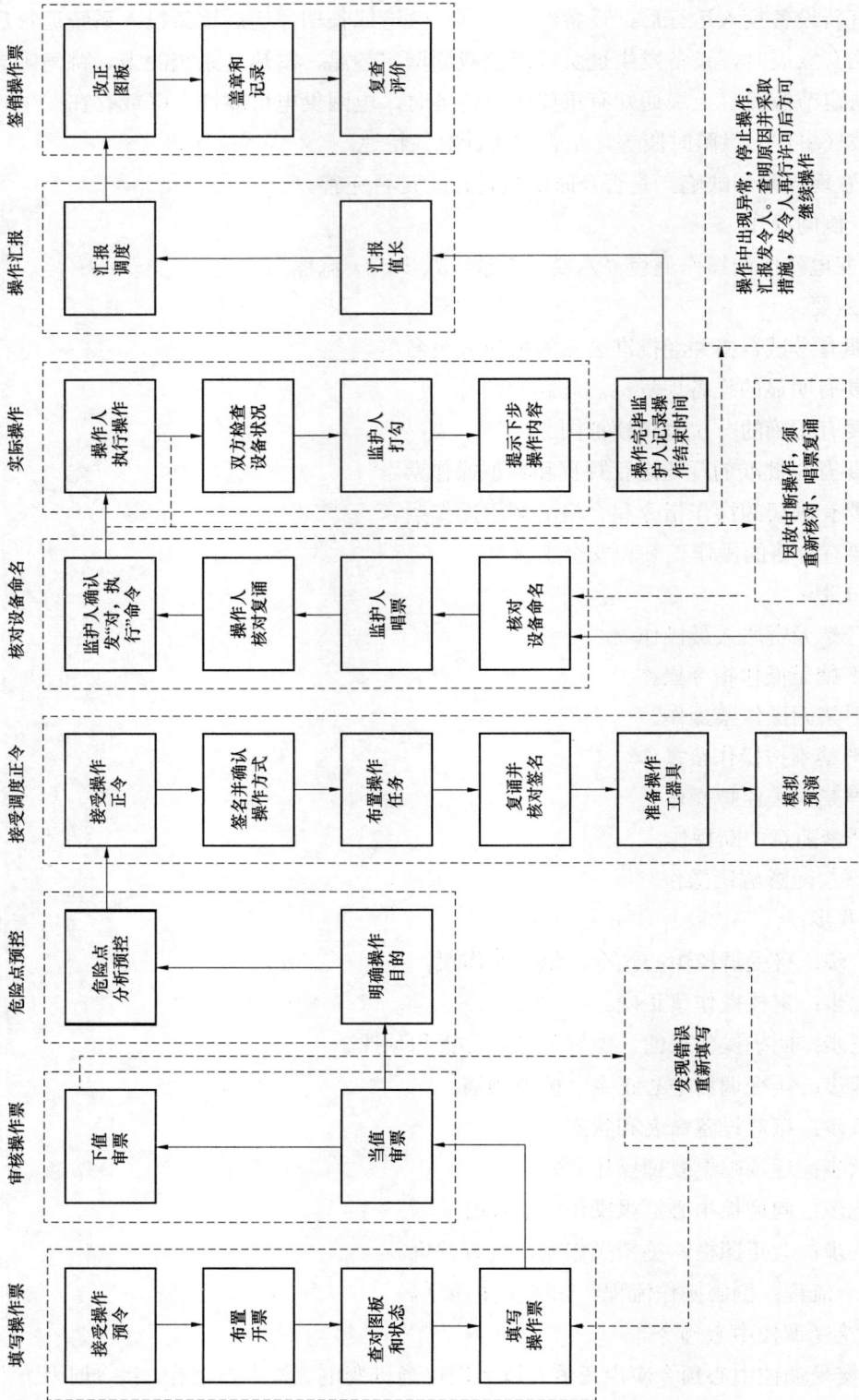

图 1—1 倒闸操作流程图

② 对接受指令全过程进行录音。接受指令应使用规范的调度术语，明确操作目的和操作时间。

③ 执行复诵制，经双方确认无误后，做好记录。如有疑问及时询问清楚。

3）填写操作票并审票正确。

① 核对模拟图（包括各种电子接线图，下同）应与实际运行方式相符。

② 拟票人应根据调控中心指令，参照模拟图板、运行规程和典型操作票正确拟票，审票人逐项进行审核，如发现操作票有误，应作废操作票，由拟票人重新拟票，审票人再履行审票手续。拟票人和审票人不得为同一人。

③ 每张操作票只能填写一个操作任务，票面应清楚整洁，不得涂改。操作票应填写设备双重命名。

4）明确操作目的，做好危险点分析和预控。

值长向当值其他人员交代操作目的和预定操作时间，共同分析操作中可能遇到的危险点，提出针对性预控措施。

5）接受正令，模拟预演。

① 接受正令应由正值及以上岗位变电运维人员接令，接令时应互通站名和姓名，没有接到"发令时间"变电运维人员不得进行操作。

② 接受调控中心指令用语需规范，并做好录音，如有疑问，应向发令人询问清楚。

③ 模拟操作，监护人持操作票逐项唱票，操作人复诵，再次核对操作票的正确性。

6）倒闸操作。

① 操作前，应按规定正确着装，准备合格和充足的安全工器具，检查现场录音设备完好。

② 操作人在前，监护人在后，一同抵达操作现场。

③ 操作前，确认操作的设备双重命名与操作票相符。

④ 倒闸操作必须有两人进行，必要时应增设监护人。

⑤ 监护人按操作票顺序高声唱票，操作人复诵，在监护人发出"对，执行"指令后操作人员才能进行操作。

⑥ 执行同一个倒闸操作任务，中途不准换人。操作过程中不能接、打与操作无关的电话。操作人不得有任何未经监护人同意的操作行为。

⑦ 正常操作时，不准用万能钥匙解锁或撬砸防误闭锁装置。确需解除防误闭锁装置应执行解锁制度。

⑧ 每操作完一项及时打"√"，不得事后补打或集中打勾。

⑨ 用绝缘棒拉合隔离开关或经传动机构拉合断路器和隔离开关，均应正确戴绝缘手套。雨天操作室外高压设备时，绝缘棒应有防雨罩，还应穿绝缘靴。接地网电阻不符合要求的，晴天也应穿绝缘靴。雷电时，一般不进行倒闸操作，禁止就地进行倒闸操作。

⑩ 操作时，操作人、监护人选择合适的站位。操作人的身体应避开断路器和把手活

动范围。

⑪ 装拆高压熔断器，应戴护目镜和绝缘手套，必要时使用绝缘夹钳，并站在绝缘垫或绝缘台上。

⑫ 验电时，应使用相应电压等级、合格的接触式验电器，在装设接地线或合接地刀闸（装置）处对各相分别验电。验电前，应先在有电设备上进行试验，确证验电器良好。高压验电应戴绝缘手套，雨雪天气时不得进行室外直接验电。

⑬ 当验明确无电压后立即将检修设备接地并三相短路。对于可能送电至停电设备的各方面都应装设接地线或合上接地刀闸。装拆接地线应由两人进行（经批准可以单人装拆接地线的项目及变电运维人员除外）。

⑭ 装、拆接地线均应使用绝缘棒和戴绝缘手套。人体不得碰触接地线或未接地的导线，以防止感应电触电。

⑮ 装设接地线应先接接地端，后接导体端，接地线应接触良好，连接应可靠。拆接地线的顺序与此相反。严禁用缠绕的方法进行接地或短路。接地线应装在该装置导电部分的规定地点，这些地点的油漆应刮去。禁止使用其他导线作接地线或短路线。

⑯ 全部操作完毕向调控中心汇报操作结束及时间，改正图板，签销操作票，复查评价。

⑰ 在设置"禁止使用无线通信"警示牌的区域内工作时，不得使用对讲机和手机。

3. 变电运维部门安全生产稽查队工作要点

（1）倒闸操作。

1）操作任务的正确性。

2）操作步骤正确性（主要检查原则性错误）。

3）接令当值拟写的操作票，预令操作时间超过 2 个及以上值组时，后续轮值是否履行审票手续（签名）。

4）倒闸操作的安全风险控制措施落实情况，对倒闸操作的危险点分析、对应预控措施的制订及实际倒闸操作过程中预控措施的落实情况。

5）设备布置密集且命名易混淆区域的操作是否进行现场踏勘。

6）对主变压器纵差保护、母线差动保护回路有影响的操作是否认真审票。

7）倒闸操作前运行方式是否核对（包括五防预演图与现场实际运行方式的核对）。

8）对照"六要八步"，操作过程中关键步骤执行是否有跟踪（包括挂接地线操作安全）。

9）间接验电判据是否符合规定，是否按照要求现场核对。

10）操作后电脑钥匙信息是否回传及时。

11）紧急解锁管理程序是否符合规定。

12）安全工器具是否正确使用。

13）个人劳动安全保护是否齐全完备。

（2）工作票执行。

1）工作票票面安全措施及现场布置安全措施是否符合工作人员现场作业的安全要求。

2）交叉作业区现场安全措施布置是否清晰，补充安全措施是否落实。

3）外来施工单位进所作业，外来人员安全教育执行情况，教育内容是否符合现场安全需要。

4）外来施工单位工作，运行设备与检修设备的交界面是否严格区分。

5）复杂的继保工作防"三误"措施落实情况，继保安措卡的执行情况等。

6）大型吊机作业，对现场作业人员组织施工管理是否到位，是否威胁设备、人身安全。

7）调控中心设备、基建改造工程施工设备工作前（变电运维人员许可前）是否经调控中心、基建改造工程有关联系人的许可。

8）工作许可、验收是否到现场，验收前验收依据是否提前确定。

9）复杂的影响一、二次设备安全的生产性工作，在开工前相关安全防护措施工作是否到位。

10）动火工作管理，防火、防小动物措施落实是否经现场核实。

11）因工作需要，现场安全措施的变动、恢复是否现场核实许可并恢复。

12）传动验收的操作管理是否执行倒闸操作管理要求。

13）是否无票工作（超计划工作时间未办理延期手续）或未经值长同意擅自许可。

14）变电站扩建、大修、改造等期间工作现场作业指导书和安全风险控制措施落实情况。

（3）迎峰度夏（冬）、防汛防台（恶劣气候）、重大节日、政治任务期间应急措施预案（保供电措施）落实执行情况。

（4）电气设备、保护自动装置存在重大缺陷隐患时是否落实事故防范对策，整改前是否制订事故防范措施。

（5）违反劳动纪律（无人监盘、脱岗、离岗）。

第二节　变电运维专业现场作业典型违章 100 条

一、行为违章（75条）

（1）进入作业现场未按规定正确佩戴安全帽。

（2）进入工作现场，未正确着装（劳动保护服装、红马甲等）。

（3）现场倒闸操作不按规定要求戴绝缘手套，雷雨天气巡视或操作室外高压设备不穿绝缘靴。

（4）未正确使用"五防"闭锁装置或擅自解除闭锁进行倒闸操作。

（5）防误闭锁装置紧急解锁钥匙未按规定使用和保管。

（6）调控中心命令无故拖延执行或执行不力，或工作结束后未及时汇报所管辖调控中心，导致设备不能及时投运。

（7）倒闸操作前不核对设备名称、编号、状态位置，不执行监护复诵制度或操作时漏项、跳项。

（8）装设接地线前不验电，装设的接地线不符合规定，不按规定和顺序装拆接地线。

（9）漏挂（拆）、错挂（拆）标示牌。

（10）工作票、操作票、倒闸操作风险控制卡等不按规定签名（包括代签名）。

（11）工作许可人未按工作票所列安全措施及现场条件，布置完善工作现场安全措施。

（12）工作负责人、工作许可人不按规定办理工作许可和终结手续。

（13）不按规定使用合格的安全工器具、使用未经检验合格或超过检测周期的安全工器具进行操作。

（14）在带电设备附近使用金属梯子进行作业（检修或操作等），在户外变电站和高压室内不按规定使用和搬运梯子、管子等长物。

（15）在电容器上检修时（如更换熔丝时），未将电容器放电并接地。

（16）在继保屏上作业时，运行设备与检修设备无明显标志隔开，或在保护盘上或附近进行振动较大的工作时，未采取防掉闸的安全措施。

（17）高处作业时（如高压熔丝更换、挂（拆）接地线、照明维修等）工作或操作人员随手上下抛掷器具、材料。

（18）在梯子上作业（如高压熔丝更换、挂（拆）接地线、照明维修等），无人扶梯子或梯子架设在不稳定的支持物上，或梯子无防滑措施。

（19）变电运维人员接受调控中心命令、向调控中心汇报时，未互报运维班班名、站名和姓名，未使用统一、确切的调度术语和操作术语。

（20）事故处理时使用未经单位主管领导批准的事故应急处理操作卡。

（21）变电站使用的操作票未按编号顺序使用。或同一变电站或运维班内在一个年度内使用的操作票编号重号。

（22）变电站无值班调度员的操作指令，擅自对调控中心管辖设备进行倒闸操作。或没有运行值班负责人的操作指令，擅自对变电站管辖设备进行倒闸操作。

（23）正常操作时不使用操作票进行倒闸操作（除《国家电网公司电力安全工作规程（变电部分）》（以下简称《安规》）规定允许情况外）。

（24）操作过程中发生疑问时，未立即停止操作或未向发令人报告，擅自更改操作票或擅自解除防误闭锁装置进行操作。

（25）非单人值班变电站单人进行倒闸操作（失去监护）。

（26）操作过程中随意中断操作，从事与操作无关的事。

（27）因故中断操作后，重新返回恢复操作前，未检查上一步操作内容，未重新对操作设备进行检查核对设备命名和状态。

（28）审核时发现操作票有误未及时作废操作票，或在重新拟票后，未再履行相关审票手续。

（29）在电气设备上工作，工作许可人许可的工作票种类与工作性质不符。

（30）事故应急抢修既不用工作票，又未使用事故应急抢修单，即行许可工作。

（31）无调控中心许可指令擅自许可在调控中心管辖设备上进行工作。

（32）安全措施未在工作许可前一次性全部实施完毕即许可工作。

（33）变电运维人员擅自变更工作现场安全措施。

（34）全部工作结束后未经验收合格就结束工作票。

（35）全部工作结束经验收合格后，未将设备检查恢复至许可时的状态（包括二次）。

（36）在未办理工作票终结手续前，擅自将停电设备合闸送电。

（37）接受操作预令未了解操作目的和预令时间，未对预令的正确性进行审核。

（38）接受操作正令后，未核对原预令和现场运行方式是否一致，有疑问未及时与调控中心联系即进入下一流程。

（39）监护人未认真核对操作人复诵内容和模拟动作正确，即发出允许执行指令或操作人未接到监护人允许操作指令擅自进行操作。

（40）雷雨时，进行户外就地倒闸操作或更换熔丝等工作。

（41）每操作完毕一步后监护人未在原位置向操作人提示下一步操作内容。

（42）操作过程中监护人未按操作票内容、顺序高声唱票，操作人未根据监护人唱票，手指操作设备高声复诵。

（43）第三者检查设备状态时，监护人、检查人未按规范唱票、复诵。

（44）操作人、监护人未共同检查操作设备的状态，是否达到操作目的，即打勾或该步操作结束未及时打勾（漏打勾）或多打勾。

（45）倒闸操作完毕后，操作人未及时更改模拟图板或将一次系统图对位，监护人未监视检查。

（46）操作完毕后未将电脑钥匙操作信息回传至后台机。

（47）巡视或操作时在无监护人监护情况下，擅自移开、越过设备遮栏。

（48）进出高压配电室未随手关门。

（49）不按规定保管和使用高压室的钥匙。

（50）巡视检查未按规定路线和要求进行。

（51）交接班时，交接值班负责人未对值班日志的内容、图板、现场设备运行状态进行交接。

（52）交接班双方未对变动、操作、工作过的设备，新发现的设备缺陷和带严重缺陷运行的设备，进行核对性交接、检查。

（53）工作接地或操作接地变动不符合管理规定要求。

（54）装设接地线的导电部分或接地部分未清除油漆，未设置相关标志。

（55）个人保安线代替接地线使用。

（56）装设接地线时人体接触接地线裸露部分或未接地的导线，接地各连接处接触不良。

（57）装设接地线时应该使用防误装置而未使用，或装设位置不符合相关规定。

（58）隔离开关一侧带电，身体倚靠隔离开关支持绝缘子在隔离开关另一侧装设接地线。

（59）允许检修人员自带接地线进入变电站，或对检修人员借用接地线未进行核实和登记管理。

（60）未使用合格的、电压等级相符的验电器进行验电操作，包括未在有电设备（高压发生器）上验证验电器完好。

（61）验电器伸缩的有效绝缘长度不符合《安规》中对应电压等级要求或验电时手握部分超过护环。

（62）高压验电未戴绝缘手套。

（63）工作时间已超过工作票计划时间，而未办理延期手续，或未重新办理许可手续。

（64）工作中变更或增设安全措施后，未填用新的工作票并重新履行工作许可手续。

（65）装设的检修临时围栏，其围栏中围有带电设备，或"止步，高压危险"标示牌面向错误，易造成误入带电间隔的。

（66）由未具备岗位资格的人员担任工作票中的签发人、工作负责人和许可人。

（67）作为安全措施的隔离开关，其操作手柄或机构箱应上锁而未锁住，隔离开关操作电源应断开而未断开（注：该隔离开关的一侧带有设备的额定电压）。

（68）在同一电气连接部分，高压试验工作票发出后，再发出第二张工作票，或未收回已许可的检修工作票。

（69）安全措施栏执行核对后未打勾确认，接地线号码未填写或与实际不符。

（70）工作许可人未到现场许可（另有规定除外）。

（71）设备区用钢卷尺、皮卷尺和线尺进行测量工作。

（72）变电运维人员（包括监控人员）擅自脱离岗位，或无故不参加交接班工作。

（73）定期切换试验未按规定时间要求进行。

（74）变电站现场使用（或）招用的临时民工未实施"零星外来人员安全教育记录"。

（75）变电站电缆孔、洞、电缆入口处未用防火堵料封堵，或工作班工作结束恢复后，未组织验收。

二、装置违章（12条）

（76）变电站现场设备无明显的标志（双重名称）和相别色标，或与相应调度命名的设备名称和编号不符（不唯一、不正确、不清晰）。

（77）变电站现场二次转换开关、电流切换端子、切换片等无切换位置指示。

（78）变电站进出道路、电气设备现场（包括构架爬梯等）未按规定设置安全警示标志或未根据有关规程设置固定遮（围）栏。

（79）防误闭锁装置不全或不具备"五防"功能。

（80）电气设备外壳无接地。高压配电装置带电部分对地距离不能满足规定且未采取有效措施。

（81）变电站使用的电源未经剩余电流动作保护器或施工现场临时搭接电源无漏电保护器。

（82）变电站内备用或待用间隔（冷备用、检修状态），其母线隔离开关应锁而未锁住。

（83）变电站同屏上有两个及以上单元（回路），未标明该单元（回路）名称，多单元（回路）控制、保护屏后无明显分隔线并标明该单元（回路）名称。

（84）变电站（运维班包括管辖变电站）内无正确的一次系统模拟图（包括计算机模拟系统图）或与现场设备和运行方式不相符。

（85）变电站安全用具室内存放有不合格的操作工具和安全工器具（包括超试验周期）。

（86）变电站（或运维班）使用的接地线未统一编号，并在固定位置对号放置。

（87）对不具备防误闭锁功能的点未采取组织措施加以防范。

三、管理违章（13条）

（88）未按规定配置现场安全防护装置、安全工器具和个人防护用品。

（89）设备变更后相应的规程、制度、资料未及时更新。

（90）现场规程没有每年进行一次复查、修订，并书面通知有关人员。

（91）变电站现场需要操作的一、二次设备命名与现场运行规程、典型操作票内命名不一致。

（92）新入厂的生产人员，未组织三级安全教育或员工未按规定组织《安规》考试。

（93）没有每年公布工作票签发人、工作负责人、工作许可人、有权单独巡视高压设备人员名单。

（94）对事故未按照"四不放过"原则进行调查处理。

（95）对违章不制止、不考核。

（96）对排查出的安全隐患未制定整改计划或未落实整改治理措施。

（97）变电站重大操作、基建技改工程或大型检修作业前未按要求进行现场安全风险辨识、评估和控制。

（98）违章指挥或干预值班调度、变电运维人员操作。

（99）安排或默许无票作业、无票操作。

（100）变电站重大操作、基建技改工程或大型检修作业期间室或班组管理人员未到岗到位。

第三节 变电运维违章考核

一、违章考核

（1）对反违章成绩显著或制止违章、避免事故发生的班组和个人，依照有关规定给予奖励。

（2）在作业过程中发现违章现象，立即纠正就地消除者，视违章程度和整改情况，可减轻处罚直至不予追究违章责任。

（3）稽查人员在稽查违章过程中，若发现违章而不予制止，视同违章处理。

（4）违章者在一个考核周期内重复发生同类违章行为，加重处罚。

（5）部门、班组收到相关部门下达的违章处罚通知书或整改通知书，应对所提出的整改意见和处罚予以落实，并将违章者的具体处理情况、整改措施落实情况在通知书要求限期内予以反馈。

（6）对下达的违章处罚、整改意见有异议的，可向上级安监部门或部门反违章领导小组提出复议。

（7）违章考核以一个日历年为周期，违章记分值在一个考核周期内累加。一个考核周期满后，归零重新开始计算。

二、违章记分

（1）在电力生产过程中发生违章但未达到《安全工作奖惩规定》中规定处罚条件的行为，按各单位违章记分相关规定进行考核。

（2）对相关职能部门及违章者所属部门管理人员因安全管理上失职或不履行本岗位的安全职责，导致单位（部门）、班组出现违章或安全管理隐患，按各单位违章记分相关规定进行考核。

（3）违章记分实行分级联责制，即公司级查出违章时，给予违章者所属部门领导联责记分，部门级查出违章时，给予违章者所属班组长联责记分。

（4）作业人员违章行为属于违章记分标准范围的，对照各单位违章记分相关规定进行违章记分。

（5）被考核对象在生产过程中发生的各类违章，主要责任者和次要责任者均应按各单位违章记分相关规定进行记分，在一个考核期内，如再次发生同类违章（即重复性违章）将加倍记分。

（6）违章记分以公历年为一个考核周期，考核期内累计记分应包括上级稽查组织记分，但不包括班组自查自纠的违章记分。违章记分值在一个考核周期满后次年重新从零开始计算。考核期内"试岗、待岗、离岗"的员工，处罚期满后违章记分重新从零开始计算。

三、违章处罚

（1）违章考核按各单位违章记分相关规定对违章相关责任者记分和累计记分值，

对其处以扣奖金、试岗、离岗、内部待岗、取消技术和技能职称晋升、取消职务聘用等处罚。

（2）给予违章者个人记分扣安全奖，可视违章情况在当月月度安全奖中扣除。

（3）被考核对象在一个考核周期内记分达到"试岗、离岗、待岗"分值时对其处以相应的处罚。

（4）对违章可能造成严重后果或仅因侥幸而未构成事故或障碍的违章者，可根据可能造成后果的严重程度，给予违章者按各单位违章记分相关规定标准的2～3倍记分。

（5）外包单位人员违章，按承发包双方的《安全协议书》有关规定进行考核。若双方安全协议书中没有具体规定时，则按各单位违章记分相关规定比照进行考核，在承包单位的安全保证金中扣除。

（6）违章者或所在班组认为违章查处不当时，可在处罚决定下达后五日内向上级安监人员提出书面意见，由其核实后裁定。必要时，由其提出核实意见后，提交单位反违章领导小组裁定。

四、试岗、离岗、内部待岗考核

1. 试岗

被考核对象违章记分累计分值达试岗条件给予试岗的，试岗时间为三个月。试岗期满应经考核合格后恢复原岗位。被考核对象在试岗期间若再次违章，应给予离岗处罚。

2. 离岗

被考核对象违章记分累计分值达离岗条件给予离岗的，离岗时间为三个月。离岗期满，并经考试、考核合格后，回原岗位试岗，试岗时间为一个月。在此期间若再次违章，应给予内部待岗处罚。

3. 内部待岗

被考核对象违章累计记分达内部待岗条件给予内部待岗的。内部待岗期满，并经考试、考核合格后，回原岗位试岗，时间为2个月。期间若再次违章，则无论是否严重违章，给予内部待岗处罚，并提请人力资源部门给予行政处分。

若试岗、离岗、内部待岗期内有突出表现（如表现良好且获得本单位安全生产重大贡献奖等），可根据其表现突出的情况提前解除试岗、离岗、内部待岗处罚。

第二章

设备运维的安全要求

变电运维管理坚持"安全第一，分级负责，精益管理，标准作业，运维到位"的原则。变电运维工作应始终把安全放在首位，严格遵守国家各项安全法律和规定，严格执行《安规》，认真开展危险点分析和预控，严防人身、电网、设备事故。各级变电运维人员应把运维到位作为运维阶段工作目标，严格执行各项运维细则，按规定开展巡视、操作、维护、检测、消缺工作，当好设备主人，把设备运维到最佳状态。

第一节 电气设备巡视检查的总体安全要求

一、电气设备巡视检查的一般规定

1. 巡视检查的一般规定

（1）做好电气设备的巡视工作是确保安全的重要环节，变电运维人员应以严肃认真、一丝不苟的态度对待工作。

（2）经单位领导批准允许单独巡视设备的变电运维人员，和非变电运维人员巡视高压设备时不得进行其他工作，不得攀登高压设备，及移开或越过遮栏。若需移开遮栏时，必须有监护人在场且和带电设备的距离符合《安规》的规定。

（3）雷雨天气，一般不巡视室外高压设备，若需要巡视室外高压设备时，应穿绝缘靴，并不得靠近避雷器和避雷针。

（4）巡视配电装置进出高压室，必须随手将门关好。

（5）变电运维人员定期对开关室通风装置进行检查，检查运行情况是否正常。如发现通风装置故障，应立即查明原因并进行处理。

（6）当发现缺陷后，应及时填报缺陷单，汇报相关调控中心及领导，并做好记录。

2. 设备巡视类型及周期

变电站的设备巡视检查，分为例行巡视、全面巡视、熄灯巡视、专业巡视和特殊巡视。

（1）例行巡视：指对变电站内设备及设施外观、异常声响、设备等渗漏、监控系统、二次装置及辅助设施异常告警、消防安全系统完好性、变电站运行环境、缺陷和隐患跟踪检查等方面的常规性巡查，具体巡视项目按照现场运行通用规程和专用规程执行。

（2）全面巡视：是指在例行巡视项目基础上，对站内设备开启箱门检查，记录设备运行数据，是对设备污秽情况，防火、防小动物、防误闭锁等有无漏洞，接地引下线是否完好，变电站设备厂房是否渗漏水等方面的详细巡查。全面巡视和例行巡视可一并进行。

（3）熄灯巡视：指夜间熄灯开展的巡视，重点检查设备有无电晕、放电，接头有无过热现象。

（4）专业巡视：指为深入掌握设备状态，由运维、检修、设备状态评价人员联合开展对设备的集中巡查和检测。

（5）特殊巡视：指因设备运行环境、方式变化而开展的巡视。遇有以下情况，应进行特殊巡视。

1）大风后。

2）雷雨后。

3）冰雪、冰雹后，雾霾过程中。

4）新设备。投入运行后。

5）设备经过检修、改造或长期停运后重新投入系统运行后。

6）设备缺陷有发展时。

7）设备发生过负载或负载剧增、超温、发热、系统冲击、跳闸等异常情况。

8）法定节假日、上级通知有重要保供电任务时。

9）电网供电可靠性下降或存在较大电网事故（事件）风险时段。

运维班的巡视还包括图像监视系统远程巡视，主要是察看设备区有无外来人员。操作人员操作是否规范，设备是否有明显异常情况，安全措施是否有明显变动，变电站内是否有火灾现象，变电站内是否有动物进出等。

二、巡视检查的基本方法

目前巡视工作主要采取眼看、耳听、鼻嗅、手感、仪器检测等方法。

1. 眼看

用双目来测视设备看得见的部位，观察其外表变化来发现异常现象，是巡视检查最基本的方法，如标色设备漆色的变化、裸金属色泽，充油设备油色等的变化、渗漏，设备绝缘的破损裂纹、污秽等。通过眼看可以发现的异常现象综合如下：

（1）破裂、断线。

（2）变形（膨胀、收缩、弯曲）。

（3）松动。

（4）漏油、漏水、漏气。

（5）污秽。

（6）腐蚀。

（7）磨损。

（8）变色（烧焦、硅胶变色、油变黑）。

（9）冒烟，接头发热。

（10）产生火花。

（11）有杂质异物。

（12）表计指示不正常，油位指示不正常。

（13）不正常的动作等。

2. 耳听

带电运行的设备，不论是静止的还是旋转的，有很多都能发出表明其运行状况的声音。如变压器正常运行时，平稳、均匀、低沉的嗡嗡声是我们所熟悉的，这是交变磁场反复作用振动的结果。变电运维人员随着经验和知识的积累，只要熟练地掌握了这些设备正常运行时的声音情况，遇有异常时，用耳朵或借助听音器械（如听音棒），就能通过它们的高低、节奏、声色的变化、杂音的强弱来判断电气设备的运行状况。

3. 鼻嗅

鼻子是人的一个向导，对于某些气味（如绝缘烧损的焦煳味）的反应，比用某些自动仪器还灵敏得多。嗅觉功能因人而异，但对于电气设备有机绝缘材料过热所产生的气味，正常人都是可以辨别的。变电运维人员在巡视过程中，一旦嗅到绝缘烧损的焦煳味，应立即寻找发热元件的具体部位，判别其严重程度，如是否冒烟、变色及有无异音异状，从而对症查处。

4. 手感

用手触试设备来判断缺陷和故障虽然是一种必不可少的方法，但必须强调的是，必须分清可触摸的界限和部位，明确禁止用手触试的部位。

（1）对于一次设备，用手触试检查之前，应当首先考虑安全方面的问题，例如，对带电运行设备的外壳和其他装置，需要触试检查温度时，先要检查其接地是否良好，同时还应站好位置，注意保持与设备带电部位的安全距离。

（2）对于二次设备的检查，如感应继电器等元件是否发热，非金属外壳的可以直接用手摸，对于金属外壳的接地确实良好的，也可以用手触试检查。

5. 仪器检测

巡视检查设备使用的便携式检测仪器，主要是测温仪、测振仪等。采用测温仪测温是发现设备过热最有效的方法，目前使用较广。

三、标准化巡视作业要求

对设备的定期全面巡视检查是随时掌握设备运行情况、变化情况、发现设备异常情况，确保变电设备连续可靠运行的主要措施。但巡视作业巡视面广，不易到位。巡视时间长，易走过场。巡视没有标准，抓不住重点。巡视环境复杂，易发生各种不安全情况。应用《巡视标准化作业卡》可有效解决上述问题，指导变电站全面完成巡视检查工作。

《巡视标准化作业卡》由封面、适用范围、引用文件、巡视周期、巡视前准备、巡视路线图、巡视卡、缺陷及异常记录、巡视签名记录和指导书评估 10 项内容组成，下面对《巡视标准化作业指导书》的填写及执行做详细介绍。

1. 编制要求

（1）需要包括巡视准备、巡视路线、巡视内容及总结的全过程，体现对巡视现场作业的全过程控制，体现对人员行为的全过程管理。

（2）以变电站的实际设备巡视内容为依据，结合变电站设备的实际运行情况，对其进行编制。针对现场实际，进行危险点分析，制定相应的防范措施。

（3）体现分工明确，责任到人，编写、审核、批准和执行均有相关责任人签名。

（4）实现安全和效率的综合控制，优化作业方案，提高效率。

（5）应具有可操作性，可检查性，并做到表达准确、文字精练、格式统一，符合标准化、规范化的要求。

2. 实施与管理

（1）巡视前准备：包括人员要求、危险点分析、安全措施、巡视工器具准备。

（2）人员要求：巡视工作前，值班负责人根据作业指导书中相应内容，对巡视人员的职业资格、精神状态和知识水平的要求进行审查，合格在表第一栏内打"√"。

（3）危险点分析：巡视工作前，值班负责人结合巡视作业的实际内容，组织巡视人员对巡视设备危险点进行学习分析，分析完成后在表第一栏内打"√"。

（4）安全措施：巡视工作前，值班负责人根据巡视作业的实际内容，结合危险点分析情况，组织对安全措施的学习，学习完成后在表第一栏内打"√"。

（5）巡视工器具准备：巡视工作前，根据本作业指导书表格内容，值班负责人组织巡视人员检查巡视设备所需的工器具是否合格和正确齐全，并在表格第一栏内打"√"。

（6）缺陷登记：巡视工作前，值班负责人根据本次巡视作业的实际内容，将变电站现有设备缺陷记录表格中。

（7）巡视作业：值班负责人根据巡视作业指导书的内容，组织巡视人员全面学习作业指导书，巡视人员明确巡视作业的具体内容、相关职责、危险点、安全措施和现有设备缺陷后，准备所需的工器具后即可进行巡视作业。

巡视时应随带作业指导书，根据指导书所列的巡视路线，按巡视卡的内容逐项检查，并与巡视标准进行比对，在某一设备区域全部巡视完毕后，在相应设备"检查结果"栏内打"√"。如巡视时发现缺陷及异常，及时在相应表中做好记录。

（8）巡视签名：所有巡视作业完成后，巡视人员应按实际巡视情况记录表中内容，巡视时间、巡视范围并签名，并在"备注栏"对本次巡视工作做简单总结。

（9）指导书评估。巡视完毕后，根据本作业指导书在巡视工作过程中的实际情况，值班负责人应组织巡视人员对作业指导书的格式、内容、执行情况等方面进行必要的总结和评估，并填写评估意见，反馈班组技术员。

（10）留底和保存：本作业指导书执行完评估后，班组技术员应将执行完毕后的作业指导书的书面材料留底保存，作为季度检查的考核内容之一，要求保存期为一年。

四、巡视作业风险管理要求

设备巡视作业风险主要有中毒、误入带电间隔、蛇毒咬伤、高空坠落等。具体风险辨识见表 2-1。

表 2-1　　　　　　　　　　　设备巡视典型风险辨识及预控措施

序号	辨识项目	辨识内容	典型控制措施
一、公共部分			
1	人员身体、精神状态	巡视人员的身体状况、精神状态是否良好	1. 应注意休息，保证良好的精神状态和体力。 2. 按要求穿全棉工作服，着装规范，劳保用品佩戴齐且规范。 3. 现场配备必需应急药品，如防暑降温药品
2	业务技能	新进人员或实习变电运维人员，不能胜任巡视作业	1. 巡视作业前，有针对性地对巡视人员进行巡视作业重点，季节性巡视作业要求，人员防护等方面的交底。 2. 适当安排能胜任或辅助性的工作，安排师傅专门带领工作
3	作业组合	巡视人员协调配合是否合适	1. 调整巡视人员组合、配备。 2. 合理分配巡视工作任务
4	现场环境	生产区域内地面不平整，高层工作面湿滑等	1. 运行巡视、操作与维护人员应穿工作鞋。 2. 及时清除高层平台、通道等积雪、结冰（霜）、油污并采取防滑措施
5	现场交底	巡视作业安全注意事项，危险点分析交底不到位	1. 巡视作业前，对危险点进行全面分析并采取有效的预控防范措施。 2. 结合巡视作业指导书认真开好安全交底会
6	作业安全策划	标准化巡视作业指导书的编制、审批和执行未按有关规程、标准和制度要求严格执行	1. 标准化巡视作业指导书的编制，做到内容规范、完整，危险点分析透彻，预控措施针对性强。 2. 标准化巡视作业指导书审核、批准手续完备。 3. 现场工作按照标准化巡视作业指导书流程严格执行，各种过程记录及时完整
7	气象条件	雷雨、大风、暑天、夜间等恶劣天气时，安全措施不当引起的触电。冰雾天气，上下室外楼梯滑跌、踏空。巡视道路、操作平台结冰滑跌	1. 雷雨、大风天气、事故巡视设备劳动防护用品应穿戴正确。如：绝缘鞋或绝缘靴等。 2. 暑天巡视应配备必要的药品，做好防暑降温工作。 3. 夜间巡线应携带足够的照明用具。 4. 不得单人进行恶劣天气和夜间的巡视作业，严格执行《安规》恶劣天气巡视规定。 5. 及时清除冰雪，穿绝缘靴慢行，抓住楼梯扶手行走
二、分类风险管控要求			
正常巡视	雷雨天	1. 避雷针落雷，反击伤人。 2. 避雷器爆炸伤人。 3. 室外端子箱、气体继电器进雨水	1. 穿试验合格的绝缘鞋，至少远离避雷针 5m。 2. 戴好安全帽，不得靠近避雷检查动作值。 3. 端子箱机构箱门关紧，防雨罩完好
	雾天	1. 突发性设备污闪（雾闪）接地伤人。 2. 空气绝缘水平降低，易发生放电。 3. 能见度低误入非安全区域内	1. 穿绝缘靴巡视。 2. 在室外布置措施或设备巡视时，严禁扬手。 3. 巡视时要谨慎小心，认清位置

续表

序号	辨识项目	辨　识　内　容	典型控制措施
正常巡视	雾雨天	1. 端子箱机构箱内受潮，直流接地或保护误动。 2. 巡视路滑，易摔跤，易误入积水坑内。 3. 上下室外楼梯踏空、滑跌	1. 检查箱门关闭良好，若遇受潮，应立即用热风机具干燥处理或投入干燥灯。 2. 穿绝缘胶靴、慢行及时清除积水。 3. 标明踏空标示，抓住扶手慢行
	夜间	1. 夜间能见度低易伤人。 2. 巡视路盖板不整齐，踏空摔跤，造成人体挫伤、扭伤	1. 电筒照明电源照度合格，路灯完好，两人同时进行，相互关照。 2. 认真检查，盖板应平整，无窜动，保证夜间巡视行走安全
	大风	1. 外物短路。 2. 开合机构箱门失控、挤伤手。 3. 设备防雨帽、标示牌脱落伤人。 4. 室外门机	1. 认真巡视，对外物及时处理、清理。 2. 开合箱门时，用力适度，避免箱门在风力作用下，开合挤手。 3. 平时要认真检查，不牢固的及时处理。 4. 平时要认真检查防滑措施是否符合要求
	高温	1. 充油设备油位过高，内压增大，造成喷油严重渗油。 2. 液压机构油压异常时，断路器不能安全可靠动作	1. 监视油位变化，必要时请求停电调整油位。 2. 监视不超过极限压力，人工安全泄压，及时更换密封圈，建立专用记录进行监视分析
	汛期	1. 电缆道进水，淹没电缆。 2. 场地操作台巡视道有积水，威胁操作人员安全	1. 做好路面排水，使积水不入电缆沟，畅通排水管道，备好排洪水泵，确保随时可用。 2. 及时排除操作台积水，操作上述设备时，必须穿绝缘靴、戴绝缘手套
	屏柜	柜门静电伤人	加强设备管理，经常刷绝缘漆
	电缆层	能见度低易伤人	照明电源亮度足够，加强维护
故障巡视	系统接地	1. 接地故障引起谐振易引起电压互感器爆炸。 2. 接地易产生跨步电压接触电压伤人	1. 检查设备时应戴好安全帽，防止爆炸碎片伤人，同时要远离电压互感器。 2. 巡视时应穿绝缘靴、戴绝缘手套，与接地点保持 8m 以上距离
	电流互感器开路	电流互感器爆炸伤人	穿绝缘靴、戴好安全帽和绝缘手套，二人同时进行
	SF$_6$泄压	SF$_6$气体中毒	进入室内起动引风机，进入气体积聚处戴防毒面具
	充油设备异声	1. 设备爆炸伤人。 2. 溅油起火伤人	巡视时戴好安全帽，二人同时进行

第二节　典型设备巡视检查的安全要求

一、变压器

1. 按规定的运行方式运行

变压器可在额定、过负荷两种情况下运行，以下是各种运行方式时的安全要求。

（1）额定运行方式下

油浸式变压器的最高上层油温、温升符合正常运行规定，正常情况下运行时，上层油温突然上升应查明原因，采取适当降温措施。当上层油温或温升接近极限时，应采取冷却措施，如投入全部冷却器，用水冲洗冷却器，清除积污、提高散热冷却能力、降低周围环境温度等方法。

当变压器有较严重的缺陷（如冷却系统不正常、严重漏油、有局部过热现象，油中溶解气体分析结果异常等）或绝缘有弱点时，不宜超额定电流运行。

变压器并列运行应满足"接线组别相同、电压比相等（允许相差±0.5%）、短路电压相等（允许相差±10%）、容量之比不大于1/3"的条件。

（2）过负荷方式下

变压器允许在正常过负荷和事故过负荷情况下运行。

正常过负荷运行：全天满负荷的主变压器不宜过负荷运行，最大正常过负荷不得超过额定容量的20%，在过负荷时，应投入全部的冷却器。

事故过负荷运行：只允许在事故情况下（如运行中的两台主变压器其中一台损坏，则另一台按事故过负荷运行）使用，主变压器存在较大缺陷时（如冷却器系统不正常、严重漏油、色谱分析异常）不准过负荷运行。事故过负荷的允许值，应按不同的环境温度，按要求规定执行。过负荷后，应记录事故过负荷的大小和持续时间。

2. 冷却系统的运行符合规定要求

（1）在变压器投入运行前，冷却器应先投入运行。一般除备用外应全部投入运行。变压器停役时，应先停变压器，而冷却装置则应继续运行一段时间再停。

（2）油浸风冷变压器的控制箱必须满足：当上层油温达到55℃时或运行电流达到规定值时，自动投入风扇。当油温降低至45℃，且运行电流降到规定值时，风扇退出运行。

（3）强油循环风冷变压器冷却器控制箱必须满足如下要求：

1）冷却器应采取各自独立的双电源供电，并能自动切换。当工作电源故障时，自动投入备用电源，并发出音响灯光信号。

2）冷却装置能按照变压器上层油温值或运行电流自动投切。

3）工作或辅助冷却器故障退出后，应自动投入备用冷却器。

4）冷却系统的油泵、风扇等应有过负载、短路及缺相保护。

5）现场变电运维人员应按规定周期对双电源供电回路进行切换试验的检查。

6）强油循环冷却式变压器运行中，当冷却系统（指油泵、风扇等）发生故障，冷却器全停时，允许在额定负荷下运行20min。20min后如上层油温未达到75℃时，则允许继续运行到上层油温上升到75℃。但冷却系统全停后变压器的最长运行时间，一般不得超过1h。

3. 保护装置的运行符合正常运行要求

（1）正常情况下变压器本体重瓦斯应投入跳闸，轻瓦斯应作用于信号。有载分接开关重瓦斯应投入跳闸，轻瓦斯退出。新变压器投产冲击合闸时，主变压器本体压力释放应投入跳闸（视设计有否跳闸功能），正常运行时投入信号。

（2）变压器在运行中作滤油（不包括分接开关自动滤油）、加油或更换硅胶等工作时，应先将本体重瓦斯保护由跳闸改为信号，工作完毕放气后投入跳闸。若遇轻瓦斯保护发信，则应汇报领导后确定。有载分接开关重瓦斯保护直接投入跳闸，不需要放气。新投运及检修补油，换油过的本体及分接开关瓦斯继电器在验收时应检查观察窗孔，有气即放。投运前后发生本体轻瓦斯发信时才放气，如连续三次发信，则应汇报领导。

（3）差动保护与瓦斯保护不得同时停用。其他保护按整定单要求投退。

4. 变压器的投运与停运

（1）在投入运行前，必须仔细逐项检查变压器所有临时接地线、标示牌、遮栏等是否已拆除，试验数据是否合格，应打开的阀门是否均已打开，分接开关位置应符合要求，确认该变压器在完好状态下，才能投入运行。变压器充电前应检查电源电压，尽量使充电后变压器各侧电压不超过相应分接头电压的5%。充电时变压器所有保护均应投入。

（2）新投产、大修中更换线圈变压器或差动保护调换，应在额定电压下冲击合闸五次，并应进行核相。

（3）220kV、110kV 变压器在拉、合闸前须合上变压器中性点接地开关，待充电后再按规定调整接地方式。

（4）运行中的变压器，中性点接地的数目和地点应按照变压器绝缘要求及继电保护的要求等设置。两台并列运行变压器，其中一台中性点接地，若需倒换中性点接地方式时，应先合上另一台变压器中性点接地开关，然后拉开原来的中性点接地开关。

（5）220kV 普通变压器在正常方式下，主变压器高、中压两侧同时接地运行或不接地运行。当变电站只有一台普通变压器时，这台主变压器必须直接接地运行。有两台或三台普通变压器的，仍保持一台主变压器直接接地运行，其他不接地。当有四台普通变压器时，则要求 Ⅰ、Ⅱ 段母线上各保持一台主变压器直接接地运行，其他不接地。

若 220kV 母线分列运行，要求 220kV 每段母线上都有一台主变压器直接接地运行。若 110kV 母线也分列运行，要求 110kV 每段母线上有一台主变压器直接接地运行。

若 220kV 母线合环运行，110kV 母线分列运行，则规定一段母线上的一台主变压器 220kV 和 110kV 侧同时直接接地，另一段 110kV 母线上的一台主变压器 220kV 侧不接地，110kV 侧改直接接地运行（即要求 220kV 母线接地方式不变，110kV 每段母线上都有一台主变压器直接接地运行）。

若中压侧向低压侧送电，而高压侧断开的运行变压器，高、中压侧中性点接地开关应合上（该种运行方式须经保护灵敏度核算）。

（6）110kV 变电站中压侧向低压侧送电，而高压侧断开的运行变压器，中性点接地开关应合上（该种运行方式须经保护灵敏度核算）。

（7）变压器在投入运行时，应先合上电源侧断路器，再合上负荷侧断路器。变压器停用时，应先拉开负荷侧断路器，再拉开电源侧断路器。两台变压器并列时，现场变电运维人员在检查并入的变压器确已带上负荷后，方可断开停役变压器的各侧断路器，并相应更改保护装置和中性点接地方式。

（8）两台并列运行的变压器（带有载调压），现场变电运维人员在调整分接头时，应按照"一台调整一档、另一台也调整一档"的原则调整，不致使两台变压器电压差超过 5%。

二、断路器

1. 正常运行的一般要求

（1）除事故情况外，不得超载运行。

（2）分、合闸指示器应指示正确。

（3）接地金属外壳应有明显的接地标志。

（4）接线板的连接处或其他必要的地方应有监视运行温度状态的措施，如示温蜡片等。

（5）应有运行编号和名称，断路器外露的相应带电部分应有明显的相位漆。

（6）送电前应检查继电保护和自动装置的状态是否符合调控中心要求。

（7）操作机构箱门在运行中应关闭严密，箱内应防水、防灰尘、防小动物进入。机构箱内的加热装置在气温低于 0℃时投入，高于 10℃时应退出。

（8）操作或事故跳闸后，除检查断路器的机械指示是否正确外，还应检查有无放电痕迹，真空断路器应检查真空泡的真空度是否破坏。SF_6 断路器应检查气压是否正常，有无漏气现象。

（9）发现红绿灯不亮应及时查明原因，恢复正常。检查处理过程中应注意防止断路器误合或误跳。

（10）在带电的情况下尽可能不在操作机构箱处进行手动操作。在远控失效时，紧急情况下可在机构箱处进行手动操作。如断路器遮断容量不够，则禁止进行手动操作，电磁机构禁止带电慢合闸。装有重合闸的断路器，手动分闸前，应先停用重合闸。

（11）为使断路器运行正常，使系统保持良好的运行状态，在下述情况下，断路器严禁投入运行。

严禁将有拒跳或合闸不可靠的断路器投入运行。

严禁将严重缺油、漏气、漏油及绝缘介质不合格的断路器投入运行。

严禁将动作速度、同期、跳合闸时间不合格的断路器投入运行。

2. 几种断路器及操作机构的运行维护要求

（1）SF_6 断路器。

1）工作人员进入 SF_6 配电装置室，入口处若无 SF_6 气体含量显示器，应先通风 15min，并用检漏仪测量 SF_6 气体含量合格。尽量避免一人进入 SF_6 配电装置室进行巡视，不准一人进入从事检修工作。

2）SF_6 配电装置发生大量泄漏等紧急情况时，人员应迅速撤出现场，开启所有排风机进行排风。未佩戴防毒面具或正压式空气呼吸器人员禁止入内。只有经过充分的自然排风或强制排风，并用检漏仪测量 SF$_6$ 气体合格，用仪器检测含氧量（不低于 18%）合格后，人员才准进入。

3）SF$_6$ 断路器机构箱内电机防潮用电源在一般情况下，要求投入加热器（加热器开关在断路器端子箱内）。当断路器长期检修时，须将防潮电源开关投入。

4）断路器操作机构。

①　弹簧操作机构。

a. 弹簧储能机构，断路器在运行过程中应保持其在储能状态，合闸送电后应检查机构是否确已储能。断路器在运行过程中，储能电源的开关或熔丝不能随意断开。

b. 断路器使用手动储能，必须先将储能电源开关拉开（或取下储能熔丝），防止突然来电。当手动储能完毕时，应立即将手柄取下，防止手柄转动伤人，并合上储能电源开关。

②　液压操作机构。

a. 应监视液压机构油泵的起动次数，油泵在 24h 内起动不应超过两次。

b. 当出现"分闸闭锁"或"合闸闭锁"信号时，不准解除闭锁和在机构内进行相应的操作。

（2）HGIS、GIS 组合电器。

变电运维人员每次巡视应对 GIS 组合电器各气室的 SF$_6$ 气体压力、环境温度进行记录，在巡视检查中发现异常，如表压下降、有刺激臭味、自感不适等漏气现象时，应按 SF$_6$ 气室泄漏时的安全防护规定进行处理。

（3）铠装移开式封闭开关柜。

1）手车式断路器允许停留在运行、试验、检修位置，不得停留在其他位置。

2）手车式断路器无论在运行位置还是在试验位置，均应用机械联锁把手车锁定。

3. 断路器的操作

（1）一般规定。

1）当断路器操作机构失灵时，在带电情况下严禁进行慢分、慢合操作。

2）220kV 线路（或旁路）断路器可以进行三相操作或分相操作。分相操作仅限于对空载线路的充电和切断以及线路故障跳闸后的强送电。是否采用分相操作必须由当值省调调度员决定。

3）断路器就地操作只有在调控中心命令直接发令时才允许，并应停用重合闸方可操作。一般情况下，禁止就地操作。

4）当用 220kV 断路器进行并列或解列操作，因机构失灵造成两相断路器断开，一相断路器合上的情况时，不允许将断开的两相断路器合上，而应迅速将合上的一相断路器拉开。若断路器合上两相应将断开的一相再合一次，若不成即拉开合上的两相断路器。

5）断路器的实际短路开断容量低于或接近运行地点的短路容量时，在短路故障开断后禁止强送，并应停用重合闸。

（2）电磁操作机构。

1）连续合闸三次后，应间隔一段时间再操作以免合闸线圈过热烧坏。

2）在操作时发现跳闸线圈或合闸线圈冒烟时，应立即切断电源。

（3）弹簧操作机构。

1）合闸操作后，应检查监视弹簧未储能光字牌是否亮起，此光字牌约经 15s 自动亮起。若常亮时，应立即切断储能电源，并检查熔丝（空气断路器）、电机等是否完好。

2）机构正常时用电动储能，如电动无法储能，又要求立即送电时，可用手动储能，送电后立即再进行一次手动储能。手动储能时，储能电源应拉开。储能后，将手柄取下。在手动储能时应停用重合闸。

3）当弹簧机构出现储能终了，合闸锁扣滑扣而空合时，将使弹簧再一次储能，甚至连续储能现象，则应立即拉开储能电源。

（4）用控制开关操作的断路器，在操作中发生断路器拒动，应立即将控制开关复位，以防烧坏跳合闸线圈。

（5）对拒绝分合闸的断路器，禁止投入运行。

（6）在合环操作时，由于线路环流较大引起保护动作，使断路器跳闸，应报告调控中心，要求改大有关保护定值，或暂时停用保护，待断路器合上后，再改成原定值或投入保护。

（7）在正常合闸操作中，如引起保护动作跳闸，须查明原因，严禁盲目再次合闸强送电。

（8）HGIS、GIS 组合电器的操作。

1）HGIS、GIS 组合电器正常运行中，断路器及电动隔离开关必须使用远方操作方式，操作后必须检查设备位置信号是否正确，就地控制柜上的操作只能在设备检修时或特殊情况下使用。

2）当操作 HGIS、GIS 组合电器时，任何人都必须停止在设备外壳上的工作，并离开设备直到操作结束为止。手动操作接地开关时，操作人员应戴绝缘手套，并与设备保持一定距离。

3）为了避免 110kV 线路发生带电误合接地开关的操作，应在遥控拉开断路器及隔离开关后，现场检查线路电压互感器确已失电，及线路避雷器泄漏电流表无指示后，并向调控中心核实，方可进行线路接地开关的合闸操作。

三、隔离开关

1. 允许用隔离开关直接操作的项目

（1）拉合无故障的空载母线、电压互感器、站用变压器（长期停用的母线及检修后的母线不能用隔离开关充电）。

（2）等电位拉合环路电流，此时环路内断路器均应改非自动。

2. 隔离开关的操作

（1）操作原则。

1）隔离开关只能构成设备与带电部分之间的断开点，不能开断负荷电流与短路电流，故在隔离开关操作前必须确认该回路的断路器在断开位置。

2）合接地开关前，必须验明接地设备（处）确无电压。

3）停役操作时，先拉开断路器、后负荷侧隔离开关再电源隔离开关顺序进行。复役时相反。

4）用隔离开关进行解合环操作时，应将环路回路中所有断路器改为非自动，并考虑对继电保护的影响及潮流的变化。

（2）操作注意事项。

1）分、合闸操作完成后，机构的定位锁必须正确就位，并上锁。

2）带有接地开关的隔离开关，主隔离开关与接地开关装有机械闭锁，只能合上其中一种隔离开关。但主隔离开关、接地开关都在分开位置时，相互间无闭锁时应注意不可合错主隔离开关、接地开关，防止事故发生。

3）带有两把接地开关的隔离开关，在主隔离开关拉开时，两把接地开关均可操作，应注意核对所操作的隔离开关必须正确无误。

4）操作中必须使用防误装置，不得擅自解锁操作。

5）发现隔离开关支持绝缘子有裂纹、不坚固等会影响操作的情况则禁止对隔离开关进行操作。

6）合闸时如发生电弧应将隔离开关迅速合上，禁止将隔离开关再行拉开。

7）分闸操作完毕后，应检查隔离开关确在断开位置。刚拉开时如发生强烈电弧（未断）应立即反向重新将隔离开关合上，如果电弧已拉断，严禁将隔离开关再行合上。

8）操作机构失灵时，严禁强行操作，必须查明原因，消除故障后方可操作。

9）电动操作的隔离开关，运行操作禁止采用顶接触器及短接线的方式解锁操作。手摇操作应在停电后进行。

（3）隔离开关操作完毕后，应进行下列项目检查。

1）合闸后，检查每相触头间的接触是否良好，定位销子是否插好，并上锁。

2）分闸后，检查每相隔离开关已在断开位置，定位销子是否插好，并上锁。

3）母线隔离开关操作后,应检查相应母差保护屏上对应隔离开关位置指示灯指示正常。

四、其他电气设备运行维护要求

1. 高压互感器

（1）电流互感器的运行与维护。

1）电流互感器在运行中，要防止二次绕组开路而危及人身和设备的安全。

2）因工作需要短接电流互感器二次回路时，严禁使用熔丝来短接。

3）电流互感器二次回路的操作，一般在断路器断开后进行，以防止电流互感器二次开路。在操作电流端子时，如发现火花，应立即把端子连接片（螺栓）拧紧，然而查明原因。

4）电流互感器二次回路操作时，操作人员应站在绝缘垫上，身体不得碰到接地物体。

（2）电压互感器的运行与维护。

1）电压互感器在额定容量下允许长期运行，运行中不得造成二次侧短路。

2）运行电压应不超过额定电压的110%（宜不超过105%）。

3）投入电压互感器，应先断开二次侧自动空气断路器或取下二次侧熔断器，再拉开一次侧隔离开关，防止使电压互感器反充电。

4）停用电压互感器或取下二次侧熔丝时应先考虑电压互感器所连接的继电保护装置，防止保护误动。

5）母线或线路复役时，相应电压互感器应先投运，停役时则相反。

6）电压互感器进行过一、二次回路接线工作后应重新核相。

7）一次侧Ⅰ、Ⅱ段母线（或正、副母线）并列运行时，当一组母线电压互感器停用，而相应母线继续运行时，可先将电压互感器二次侧并列，再退出电压互感器，启用时相反。一次侧未并列运行，电压互感器二次侧不得并列。两组电压互感器不宜长期并列运行。

（3）SF_6 互感器。

1）运行中应巡视检查气体密度表工况，产品年漏气率应小于1%。

2）若压力表偏出绿色正常压力区时，应引起注意，并及时按制造厂要求停电补充合格的新的 SF_6。如气体压力接近闭锁压力，则应停止运行。

2. 电力电容器

（1）运行维护要求。

1）电容器应在额定电流下运行，最高不超过额定电流的1.3倍。应在额定电压下运行，一般不超过额定电压的1.05倍。三相不平衡电流不宜超过额定电流的5%。

2）环境温度为40℃时，电容器外壳温度不得超过55℃。

3）电容器停用后，应进行人工多次放电（其放电时间不少于5min）才可验电、装设接地线。

（2）操作程序及注意事项。

1）停用时：应先拉开断路器，再拉开电容器侧隔离开关，后拉开母线侧隔离开关。投入时的操作顺序与此相反。

2）电力电容器组的断路器第一次合闸不成功，必须待5min后再进行第二次合闸，事故处理亦不得例外。

3）全站停电及母线系统停电操作时，应先拉开电力电容器组断路器，再拉开各馈路的出线断路器。全站恢复供电时，应先合各馈路的出线断路器，再合电力电容器组断路器，禁止空母线带电容器组运行。

3. 消弧线圈

（1）一般要求。

在系统发生接地故障的情况下，不得停用消弧线圈。由于寻找故障及其他原因，使消弧线圈带负荷运行时，应对其上层油温加强监视，使上层油温最高不得超过 95℃，并监视消弧线圈带负荷运行时间不得超过铭牌规定的允许时间，否则应切除故障线路。

（2）消弧线圈的操作。

1）消弧线圈装置运行中从一台变压器的中性点切换到另一台时，必须先将消弧线圈断开后再切换。不得将两台变压器的中性点同时接到一台消弧线圈上。

2）主变压器和消弧线圈装置同时停电时，应先拉开消弧线圈的隔离开关，再停主变压器，送电时相反。

3）系统中发生单相接地时，禁止操作或手动调节该段母线上的消弧线圈。

4. 高频阻波器、耦合电容器及避雷器

（1）耦合电容器的接地开关运行中必须拉开，如因工作需要合上时，应得到调控中心同意后方可进行。在运行的阻波器、耦合电容器、结合滤波器及其二次回路上进行工作时应得到调控中心同意，并办理工作票手续。

（2）对带有泄漏电流在线监测装置的避雷器泄漏电流应结合巡视进行记录。

（3）雷雨时，严禁巡视人员接近避雷器设备及其他防雷装置。

第三节 电气设备运行、维护的总体安全要求

一、一次设备运行维护的一般安全要求

（1）电气设备的现场应清洁整齐，不得有危及电气设备安全运行的小动物及植物存在，检修人员不得在设备现场倾倒垃圾，乱堆工具、设备。开关室、屋外电气设备场地上应有装设接地线的接地桩头（含有防误装置及三角接地标志）。电气设备不带电的金属外壳有可靠明显的接地标志，接地螺栓不小于 M12 且接触良好。

（2）配电装置应具备适合电气灭火的消防设备，并放于固定位置，平时不得移作他用。消防设备应定期检查和维护，不合格的应及时补充和调换。

（3）开关室、电缆层、蓄电池室等门窗关闭完好，与电缆的连接处应堵塞，通风孔、洞要加装防护网，做好防小动物的措施。

（4）站内水泥道路上不得堆放妨碍交通的物品。

（5）在电气设备的显著部位上，均应涂以相色漆，设备应有正确清晰的命名、编号、标志，各馈线的围墙上应有该线的命名、标志。

（6）电气设备现场照明应保持正常。

（7）变电运维人员必须按设备巡视检查制度的规定，经常检查和监视所有电气设备的运行情况，发现问题应及时做好记录并加强监视和处理。

（8）运行中的电气设备及配电装置的绝缘等级、健康等级，必须是一、二级设备，三级设备一般不允许运行（单位主管生产的领导批准除外，但应做好记录）。

（9）设备应有标有基本参数等内容的制造厂铭牌。经过改造后，应修改铭牌的相应内容，设备的基本参数必须满足装设地点的运行工况并留有适当裕度。

（10）断路器、隔离开关等操作设备的分、合指示器应易于观察且指示正确。

二、二次运行维护的一般安全要求

二次设备包括继电保护、自动装置、测量、计量装置及二次回路等。

1. 电磁型继电器的运行一般规定

（1）继电器安装必须牢固，各固定螺栓应紧固，外壳无破损。

（2）继电器接点无脱轴现象，动静接点距离在 1～2mm，无异声。

（3）继电器线圈无烧焦、变色现象，串并联接线符合定值要求。

（4）继电器定值指示箭头应指向红色位置。

2. 微机保护装置的运行一般规定

（1）微机保护运行环境要求：

1）微机保护装置室内最大相对湿度不应超过 75%，应防止灰尘和不良气体侵入，因此正常要关好柜门。

2）微机保护装置室环境温度应在 5～30℃，若超过此范围应装设空调。

（2）变电运维人员对微机保护运行的职责要求：

1）了解微机保护的原理及二次回路。

2）与调控中心人员核对整定值，进行保护装置的投入和停用等操作。

3）记录并向调控中心汇报其信号指示（显示）及打印报告等情况。

4）掌握微机保护装置打印（显示）出的各种信息的含义。

5）根据调控中心命令，对已输入微机保护装置内的各整定值按规定进行更改。

6）掌握微机保护装置的时钟核对、采样值打印（显示）、定值清单打印（显示）、报告复制、按规定方法改变定值，保护的投停和使用打印机等操作。

7）在改变微机保护装置的定值、程序或接线时，要有调控中心的定值、程序及回路变更通知单（或有批准的图纸），方可允许工作。

（3）微机保护运行规定：

1）应定期对微机保护装置进行采样值查看并打印，时钟校对，具体周期按相关规定要求执行。运行中需要改变已固化好的成套定值时，按规定的方法改变定值，此时不必停用微机保护装置，但应立即打印（显示）出新定值清单，与调控中心（操作规程）更改要求校对无误。

2）微机保护装置动作（跳闸或重合闸）后，按要求记录并复归信号，并将动作情况和测距结果向调控中心汇报，并按要求向有关部门送交保护动作报告及故障录波器报告。

3）应保证打印报告的连续性，严禁乱撕、乱放打印纸，妥善保管打印报告，并及时移交继保人员。无打印操作时，应将打印机防尘盖盖好，并推入盘内，应定期检查打印机中纸是否充足，字迹是否清晰。

（4）端子排、二次电缆运行一般规定：

1）端子排的接线应正确、可靠、固定、整齐。

2）端子排的方向套命名应清晰、正确。

3）二次电缆的方向套命名应清晰、正确。

4）空余电缆芯应有防止误碰运行设备的措施。

3. 二次设备操作的一般规定

（1）二次设备的投入与停用操作等，必须根据调控中心命令执行，并至少有两人一起进行。

（2）取下直流熔丝时，应先取正极熔丝，后取负极熔丝，以防寄生回路引起保护误动。放入时顺序相反。

（3）保护工作后复役时，对于瞬时动作直接出口跳运行断路器的压板应用高内阻万用表测量压板两端确无电压后方可投入。

（4）变电运维人员更改定值操作，应有明确操作标志（电磁型保护为刻度值，微机保护有定值区整定）的方可操作，无明确操作标志的变电运维人员严禁操作。

（5）保护装置投停的一般顺序：停用时，应先取下出口压板，再拉开交流电压，最后断开直流电源。投入顺序与此相反。

（6）更改定值或更改接线等过程中，严禁电压互感器二次短路，电流互感器不得开路。

4. 二次设备工作的一般规定

（1）保护装置的电流互感器更换，电流、电压二次回路接线更改，均应对保护进行带负荷试验，合格后方可投入。

（2）当接于同一电流互感器二次回路的一套保护要带负荷试验时，在该二次回路的其他保护必须同时停用。

（3）长期改变保护定值，一般应由继保人员进行，并有相应的整定单和调控中心命令。

（4）接线更改应有相应部门批准的图纸或联系单，工作完毕后，工作人员应向变电运维人员交待清楚，并在变电站图纸上作好相应的更改并签名。

（5）变电运维人员应按规定对二次设备进行全面检查，尤其在运行操作或事故动作后。在检查时一般不得任意开启继电器罩壳和装置门柜，不准触动及改变设备状态。

（6）定期对二次设备进行清扫，工作时应用"鸡毛帚"，金属部分应用绝缘布包扎，不能用力过猛，以防造成二次回路短路、误碰事故，打扫者宜穿长袖衣，戴手套。

三、电气设备定期切换与试验作业的安全要求

定期切换、试验工作是用于监视待用设备和备用设备健康状况的一项重要工作，确保待用设备和备用设备在异常情况下能正常投入运行，也是变电运维管理工作的一项重要内容。这里经总结，明确定期试验切换的"五要、七禁、八步"以及切换细则，为规范试验切换操作流程，指导、规范运行试验切换工作提供依据。

1. 定期试验切换的基本要求

（1）要有考试合格并经批准公布的操作人员名单。

1）操作人和监护人应经培训考试合格，包括《安规》《电网调度规程》和现场运行规程。

2）操作人员是指经上级部门批准并公布的值长、正值、副值。需由两人进行监护操作时，由其中一人对设备较为熟悉者做监护。

3）跟班实习变电运维人员（指经过现场规程制度学习和现场见习后，已具备一定运行值班素质的新人员）经上级部门批准后，允许在操作人、监护人双重监护下进行操作。

（2）要按照规定的试验周期和规定要求进行试验切换。

（3）要有试验切换工作的事故预想和安全对策。

1）进行相关试验切换项目前应有完备的安全措施。

2）站用电切换工作前必须有防止站用电全停的事故预想，并制订恢复站用电的预案。

3）主变冷却器试验切换工作前必须有防止主变冷却系统全停的事故预想，并准备必要应急处理方案。

（4）要有定期试验切换相关记录。

（5）要有定期试验切换的操作任务单（操作卡）或作业指导书。

1）对于复杂的试验切换项目，现场应具备相应的作业指导书。

2）作业指导书的内容应包括危险点分析、人员要求、安全措施等，并编制各项目详细的作业流程。

3）切换试验工作时要严格按照作业指导书中的作业流程进行，每执行一步打一个"√"。

2. 定期试验切换禁止事项（七禁）

（1）禁止超周期或不按周期试验切换。

1）定期试验切换项目应按试验切换周期要求进行。

2）两次试验切换之间间隔时间不得超过要求周期的 1.5 倍。

（2）禁止不满足试验切换条件进行试验切换。

1）当系统负荷不满足定期试验切换要求时不得进行定期试验切换。

2）当设备存在严重缺陷，不满足定期试验切换条件，不得进行定期试验切换。

3）设备本身有异常告警信号，不满足定期试验切换要求，不得进行定期试验切换。

（3）禁止无资质人员进行试验切换。

定期试验切换工作人员要求等同于倒闸操作相关人员资质要求。

（4）禁止试验切换危险点不明确进行试验切换。

定期试验切换前必须明确危险点，确保安全后才能进行定期试验切换。

（5）禁止没有操作许可指令进行试验切换工作。

属于变电站自行管辖设备，定期试验切换前应得到值长许可，方可开始工作。

（6）禁止没有正确的防护用具进行试验切换。

定期试验切换工作应有正确的防护工具，试验切换人员着装等不符合规范要求，不得从事定期试验切换工作。

（7）禁止失去监护进行试验切换。

对于复杂的试验切换项目，如主变压器冷却器、站用电等试验切换工作不得单人进行作业。

3. 定期试验切换基本步骤（八步）

（1）摸底检查。

1）试验切换工作一般应安排在负荷低谷或适当时候进行，检查变电站一次系统运行方式和负荷情况满足试验切换要求。

2）试验切换前应检查设备缺陷记录情况，设备缺陷是否影响试验切换安全性要求。

3）在试验切换前应检查待试验切换设备完好，无光字牌信号、告警信号和异常记录等，满足试验切换要求。

4）摸底检查过程中新发现缺陷应及时上报处理。

（2）接受许可。

值长将本值应进行的试验切换工作分配给指定变电运维人员，并交代安全措施。

（3）危险点分析。

1）变电运维人员认真对照作业指导书中的危险点分析项目，逐条明确打"√"。

2）对各类危险因素做好预控措施和必要的事故预想。

（4）工作准备。

1）变电运维人员根据试验切换项目，准备所需的操作工具、安全用具、测量用具等。

2）变电运维人员根据试验切换项目，准备所需记录簿册。

（5）切换试验。

1）变电运维人员根据定期试验切换作业指导书中要求到达设备试验切换现场。

2）核对设备双重命名正确。

3）监护人监护，操作人读唱相关设备的操作命名。

4）监护人发"对，执行"的确认信息。

5）操作人进行实际的试验切换操作。

6）双方检查试验切换结果正常。

7）在试验切换过程中发现异常情况应及时处理、汇报。

8）试验切换过程中发现缺陷应及时记录并上报。

（6）记录数据（结果）。

主变压器冷却系统切换、事故照明电源切换、监控逆变器电源切换、站用电切换、直流切换、GPS 直流电源切换、水泵/风机定期切换试验情况应记录在相应的作业指导书中。

（7）审核分析。

当值人员应根据试验切换情况，对操作切换过程出现的问题及异常及时进行分析，并向站办提出改进意见。

（8）评价总结。

班组管理人员应定期审核试验切换作业指导书和生产管理系统（PMS）中试验切换记录，对试验切换工作情况进行总结、评价。

第四节　电气设备典型日常运行维护工作的安全要求

一、日常检查工作

1. 防小动物管理

（1）新、扩建，改造工程，变电站的管、孔、洞、沟的封堵工作，原则上应由施工单位在交付电气验收前 7 天完成，并通过由项目主管单位组织的封堵验收。变电运维班应在投运后一周内，组织变电运维人员再次检查各孔洞、挡板、缝隙等防小动物措施。

（2）变电运维班应在设备投运前一周之内，在开关室、继保室、蓄电池室、电缆层等出入口处设置防鼠挡板，在室内合适位置设置鼠夹、粘鼠板或电子驱鼠器等。

（3）运行变电站因工作需要开挖已封堵的孔洞，应与当值变电运维人员联系，并做到当天开挖、当天封堵、人离即封堵，实行"谁开挖谁封堵"的原则。如影响次日工作，必须采取可靠的临时措施，并经当值变电运维人员验收合格。

（4）因工作需要移动防鼠挡板，由工作负责人与当值变电运维人员联系，经同意后方可移动，工作完毕，立即就位，若有必要应派专人看护。

（5）开关室、继保室、蓄电池室、站变室、并容室、消弧室等变电站各室室门上应装醒目标志"随手关门，严防鼠害"标志牌。

（6）各室内严禁留有食物残渣，开关室内禁止就餐或携带食品，控制室禁吃瓜子、花生等引鼠食品。

（7）应定期检查换气扇的铁丝网罩是否完好，如有破损应及时修补。

（8）新建变电站防室内小动物事故封堵检查要求：

1）开关室与户外交界处电缆沟应安装防火墙，宽约 40～50cm。

2）开关室内的电缆沟与各断路器柜间电缆孔封堵是否完好。

3）开关室出线为电力电缆的，其电缆孔洞必须内外洞口双面封堵。

4）开关室及其他孔洞，包括室内检修电源箱、蓄电池室、电缆竖井、站变室、并联电容器室内外电缆孔洞封堵是否完好。

5）开关室、蓄电池室、站变室、并容室、电缆层、电缆竖井、控制室的门应能关闭，开、关顺利，关闭后四周门空隙不大于 5mm。

6）开关室、站变室、并容室、电缆层、控制室边后门（无人变还包括正门）装设防鼠挡板。

7）控制室内保护盘、控制盘等盘下孔洞及有关敷设电缆的铁管采用防火堵料堵塞。

8）开关室、蓄电池室、并容室、站变室通风窗和开关室采用细孔铁丝网和铝合金小门相结合，便于开、关和防潮。

9）新建变电站在设备验收前，应根据基建部门和施工单位提供的孔洞分布图及封堵自查书面情况交变电站负责人，并会同三方逐一到位检查封堵情况，后办好验收交接手续。

（9）变电站防室内小动物事故经常性管理工作。

1）每季清扫室内外连接处电缆沟。

2）每月一次检查鼠夹诱饵是否完好有效，否则及时调换。

3）每月一次检查防鼠挡板、开关室门缝隙、各电缆孔洞，检查出的问题及时整改。

4）巡视室内设备，应随手关门，装有防鼠挡板的室门，还必须锁住。钥匙放入控制室钥匙箱。许可工作应交待清楚，并填入工作票补充安全措施栏中。

5）生产区域内不留长草，禁止生产区域种植农作物。

6）防小动物措施应定期检查，检查情况记入运行日志，实行"谁检查，谁签名，谁负责"。

（10）变电站应具有完整的各开关室、继保室、蓄电池室、站变室、并容室、消弧室防小动物检查示意图，图中标明各室需进行防小动物检查的电缆进出孔洞、门、窗、防鼠挡板、鼠夹、粘鼠纸等内容，放入变电站常用资料夹内，改造时同步更新防小动物检查示意图。

（11）为方便变电运维人员定期对电缆进出孔洞的检查，需变电运维人员经常性翻动检查的电缆盖板，宜采用较轻的无机复合型电缆盖板。

2. 防误装置管理及维护

（1）严格执行上级有关防误工作的规章制度。

（2）防误闭锁装置应保持良好的运行状态，变电站现场运行规程应有本站防误装置的基本原理、使用方法、注意事项及定期检查与维护的介绍。防误闭锁装置的运行巡视同主设备一样对待。

（3）新设备投产必须具备规定的防误功能（五防功能），且经验收合格，否则须经各单位总工签署批准后方可投入运行。

（4）防误装置发生影响功能性缺陷时，应作严重缺陷处理。

（5）运行设备的防误装置必须投运且功能完好。主设备检修期间，除检修设备本身的防误装置外，其他防误装置应尽量投入。

（6）变电运维人员倒闸操作必须使用防误装置，并按现场运行规定程序进行。

（7）在装有带电显示器的设备上操作时，显示器是否显示带电不能作为设备有电与否的唯一依据，当显示器有显示时则设备应视为有电。

对于 10kV 开关柜操作明确如下：

1）如线路断路器操作前在运行状态，线路带电显示装置良好且显示有电，当操作至冷备用状态时，显示装置显示无电，可作为线路间接验电判断线路无电的一个判据。合线路接地开关前可不验电，直接合上线路接地开关。

2）如线路断路器操作前在热（冷）备用状态，线路带电显示装置已无法判别，虽装置显示无电，但不得作为线路间接验电无电的一个判据，在合线路接地开关前必须在柜内线路导电处直接验电。如操作前已知带电显示器损坏，则在合线路接地开关前必须在柜内线路导电处直接验电。

3）正常情况下，线路带电显示器能关闭应关闭，在检查显示状态时应开启带电显示器。

（8）紧急解锁工具应采用可靠措施封存于固定位置，并作为交接班内容之一。不允许紧急解锁工具外借。变电站钥匙存放箱一般有以下几种：

1）常用钥匙箱：指用来存放防误装置正常开锁工具及站内其他普通钥匙的箱子。

2）程序锁钥匙箱：指用来临时存放与设备终了状态相对应编号的机械程序挂锁钥匙及操作设备有关的机械程序锁钥匙的箱子。

3）紧急解锁钥匙箱：指用来存放防误装置紧急解锁工具的箱子。

4）紧急解锁工具的存放，可使用不锈钢箱，也可采用固定位置（抽屉或柜或钥匙箱）保管。保管设备必须能上锁且仅保管各类紧急解锁工具的一把钥匙，并标清各工具的名称。其他多余紧急解锁工具由站办统一封存保管，任何人不得擅自使用。保管设备门（柜、箱）钥匙放入带编号的专用信封内并封口，信封按编号顺序使用。

（9）经同意需拆开信封使用紧急解锁工具时，应在运行日志上记录，同时在《防误装置解锁记录》本上记录有关内容，使用完毕后立即用下一顺序号的信封更换。

（10）各变电站正常情况下，应保证所配的两只电脑钥匙始终保持充满电的状态。操作前浏览电脑钥匙中生成的操作票步骤的正确性和完整性。

（11）如遇操作中电脑钥匙电池失电，要求操作人员按以下方法处理：

1）如使用的电脑钥匙可方便地更换电池且不会因更换电池导致储存的操作内容丢失，则可优先考虑采用备用电脑钥匙的电池替换，且更换电池后确认正确，才允许继续操作。

2）如电池无法更换，则当值操作人员应向当值值长办理紧急解锁手续，经当值值长同意，必要时汇报站办同意后，根据操作票上当前实际操作的设备状态，更新并核对防误系统模拟图中设备状态与当前设备实际状态一致，重新对后续操作内容进行模拟预演后传送至备用电脑钥匙，继续进行操作。

（12）变电站现场接地端应事先明确设定，接地线接地端与现场接地端应实现可靠防误闭锁功能。对于无法实现闭锁功能的接地端，应在接地端打孔并加挂机械锁，对应的钥匙由变电运维人员负责严格管理，并制定相应管理规定。

（13）变电运维人员应每月一次对防误装置进行外观检查，对电磁锁还应进行回路试验，对机械锁还应进行上油。每次交接班对微机防误装置模拟图板运行状态核对一次。

3. 备品备件管理

（1）凡新建、扩建、改建的一、二次变电设备和综合自动化设备，变电运维人员应配合安装单位做好备品备件、工器具等接收工作，并做好书面交接记录。

（2）备品备件要求单独设房或柜存放，钥匙一式两把，放入常用钥匙箱内，确保当值人员能及时取用。

（3）变电站内备品备件应设专人管理，要求建档立账，备品备件必须保持账、卡、物一致，进行规范化管理。

（4）在备品备件搬运时，搬运人员应做到防水、防潮、防尘、防碰损，并妥善保护好各种标识，确保产品完好无损。

（5）生产性备品备件与生活性备品备件不得混放。应根据不同性能和产品特点，合理划分区域存放，在醒目位置做好标识。

（6）各种类型的设备应有备品备件清单，备品间所存放的备品要求规范整齐，账卡上标明器材编号、名称、规格型号、用途、产地、数量、储备定额等内容。

（7）备品备件应每月进行清点，当库存不足时，应及时填写材料单领用补足，确保变电站内生产和生活的需要。

（8）应按下列标准保持各档熔丝有足够备品，质量保证，并严格按不同规格分档保管，设置账卡，保证账卡物一致，严防混杂错用。

定额规定：每个电压等级母线电压互感器高压熔丝各为 6 支，1、2 号站用变压器高压熔丝各为 3 支（型号相同时可共备 3 支），每种规格低压熔丝易熔品为 20 只、不易熔品为 10 只，其余由变电站自行掌握。

最低定额规定：母线电压互感器各为 3 支，站用变压器各为 1 支（型号相同）。

（9）站用变压器和电压互感器高压熔丝应分柜放置，并在柜门上贴上定置签注明熔丝规格，如高压熔丝上无额定电流标志，应在熔管上贴上标签注明额定电流，防止二者混淆。

（10）变电站大修时对变电站熔丝集中检查核对一次，发现问题及时改进。

（11）变电站"控制保护总熔丝"（直流屏上共有两个回路）更换期限为一年，在每年大修验收时更换，并记入检修记录本中。两个回路应依次更换，并在更换前应认真检查二个回路确在并列运行，防止保护失电误动，更换时应有两人一起进行。

（12）各保护熔丝更换期限为三年，在每次保护定校结束验收时更换，记入继保及自动装置检修记录本相应间隔栏。

4. 机构箱、端子箱、汇控柜等户外箱柜检查要求

（1）箱体（柜体）的密封性检查，要求检查箱子的防火封堵是否良好，箱内有无积水。

（2）对于机构箱内的加热器电源开关，应检查是否按规定投退，温度控制器整定正确且自动控制状态运行正常。

（3）检查箱（柜）内小开关、闸刀、熔断器位置正确且运行正常，箱内运行的继电器等二次设备、电流端子运行良好。

（4）箱（柜）内端子排要求目测检查情况正常，目测端子无脱落松动。

（5）检查各小箱内标签有无脱落。

（6）箱（柜）门锁具及关闭可靠，配有照明装置的五小箱检查灯具良好，电源开关及行程接点开关良好。

（7）检查箱（柜）内整洁，发现杂物等及时清洁。

（8）需要紧急解锁的机构箱不需检查。

二、日常维护工作

1. 电容式电压互感器二次电压测试的安全要求

（1）各间隔设备测试前，必须按规定做好测试点的标志，严防因标志不清或错误而误碰运行设备的相应端子。

（2）测试前应做好测试工具的检查，确认测试工具的测量选择位置正确，以防测试过程中对电容式电压互感器造成短路。

（3）对电压严重偏低或偏高的设备，禁止带电时近距离测试该电容式电压互感器二次电压。

（4）测试人员应穿绝缘靴。

（5）对测试结果进行分析，当发现与规定指标有偏差时，应及时汇报。

2. 差动保护差流值抄录的安全要求

（1）应按规定定期进行差流检查并记录，检查内容包括当时的负荷电流、差流值等。

（2）投入主变压器差动保护、母线差动保护时，要对差流进行检查并记录。检查差流的操作术语为："检查1号主变压器差动保护差流正常（A：　　B：　　C：　　）。"应将具体数值填入操作票内。对于母差保护可取各相最大值记录。

（3）当差流值在下列情况时，需汇报调控中心和相关技术人员（原则上停止操作）：

母差保护：电磁型及集成电路（静态型）差流值大于20mA时、微机型差流值大于300mA或超过平时正常运行值3倍时。

主变压器差动保护：全部微机型差流值大于正常运行时差流值的3倍时（电磁型差流无法测量）。

（4）对于需进入保护装置菜单内容才能读取差流值的保护装置，在抄录相应保护差流时，应注意核对进入菜单的正确性，必要时应在该装置处贴有明显的操作提示。

3. 蓄电池运行维护的安全要求

（1）蓄电池正常由直流充电机自动按整定的充电方式运行，变电运维人员不得擅自更改蓄电池运行方式。

（2）蓄电池室温度宜保持在 10～30℃，不得低于 0℃，应检查蓄电池室通风良好，无强烈气味。

（3）蓄电池室内严禁烟火和使用能发生电气火花的工具。如进行焊接等修理工作，必须在充电完成 2h 以后方可进行，焊接点与其他部分应用石棉板隔开，并连续通风。蓄电池室玻璃窗采用毛玻璃，室内照明灯不应长亮，以免光照于蓄电池上。

4. 避雷器的运行维护的安全要求

当发现氧化锌避雷器的泄漏电流值突然增大时，应立即作紧急缺陷处理。

氧化锌避雷器的正常值范围一般应在晴天时记录下各避雷器的泄漏电流数据，作为该避雷器泄漏电流的正常值，当大于正常值 1.2 倍时应引起注意，并相应增加记录次数（每天或半天）。当大于 1.4 倍时作紧急缺陷处理。（正常值 1.2 倍及 1.4 倍分别用绿线及红线画出注明，以便予以检查）

三、电气设备红外测温工作中的安全要求

红外线测温仪是一种利用高灵敏度的热敏感应辐射元件检测由被测物发射出来的红外线而进行测温的仪表，能正确地测出运行设备的发热部位及发热程度，已在电力设备的运行维护过程中作为必要的辅助检测手段。在具体测温过程中，要注意以下几点。

1. 仪器的使用和保管

（1）红外检测仪器属于贵重仪器，应妥善保管。

（2）使用人员在携带该仪器前往现场途中，要防止该仪器过分振动和碰撞，及时做好相应防范措施。

（3）使用人员在使用过程中，要注意对仪器的爱护，特别要注意防止机器受潮。严禁在雨天使用及将镜头对准太阳。严禁随意调整或设置该仪器内与工作无关的参数，遇有疑问时须及时向有关人员汇报或咨询。

2. 被检测设备的要求

（1）被检测设备只要表面发出的红外辐射不受阻挡，都属于红外诊断技术的有效监测设备，例如：变压器、断路器等。

（2）被检测设备必须是带电设备，电流值宜超过最大负荷的一半以上。

（3）设备新投运 24h 后。

3. 检测环境的要求

（1）检测目标及环境的温度不宜低于 5℃，如果必须在低温下进行检测，应注意仪器自身的工作温度要求，同时还应考虑水汽结冰使某些进水受潮的设备缺陷漏检。

（2）空气湿度不宜大于 85%，不应在有雷、雨、雾、雪及风速超过 0.5m/s 的环境下进行检测。若检测中风速发生明显变化，应记录风速，必要时按规定修正测量数据。具体参照表 2-2。

表 2-2 风级、风速与表象参照表

风级	风速（m/s）	风名	地面现象
0	0～0.2	无风	静烟直上
1	0.3～1.5	软风	烟能表示风向，树叶略有摇动
2	1.6～3.3	轻风	人脸感觉有风，树叶有微响，旗开始飘动
3	3.4～5.4	微风	树叶和很细的树枝摇动不息，旗展开
4	5.5～7.9	和风	能吹起地面的灰尘和纸张，小树枝摇动

（3）室外检测应在日出之前、日落之后或阴天进行。

（4）室内检测宜闭灯进行，被测物应避免灯光直射。

4. 检测方法及注意事项

（1）红外检测时应有两人及以上一起进行，其中一人负责红外检测，负责所测的技术数据的正确性，另一人负责记录并做好安全监护。

（2）红外检测必须在确保人身和设备安全的前提下进行。对一些柜式设备，在测温过程中必须打开柜门才能检测的，必须增派监护人到场后才能进行，对有可能部分解除防误闭锁的，必须按规定履行解锁审批手续。

第五节 电气设备异常及事故处理的安全要求

一、概述

电网在日常运行中，随时会受到不可抗力的自然灾害如雷击、山洪、泥石流、台风以及小动物事故和人为误操作引起的破坏，给电网的安全、稳定、优质、可靠运行带来潜在的威胁，使得电网安全运行越来越多地受到新的挑战。对于变电运维人员如何处理电力系统突发事件（如大面积停电事故等），加强自然灾害和突发事件的预警意识，及时启动应急预案及正确的现场处置，是确保电网安全稳定运行的一项重要措施。

二、事故处理的基本原则

1. 事故处理的原则

（1）尽速限制事故的发展，消除事故的根源并解除对人身和设备的威胁。

（2）根据事故范围和调控中心指令，及时调整运行方式，使其恢复正常。

（3）用一切可能的方法保持对用户的正常供电。

（4）尽速对已停电的用户恢复供电，对重要用户应优先恢复供电。

2. 事故处理的一般过程

（1）一次设备发生故障或无故障跳闸处理流程。

1）一次设备发生故障，变电运维人员应在到现场后 5min 之内，尽速向对应调控中心汇报，汇报内容为：

① 故障发生时间。

② 发生故障的具体设备及其故障后设备的状态。

③ 相关设备潮流变化情况，有无越限。

④ 现场天气情况。

2）通过对一、二次设备的检查，现场应在 15min 之内，再次向对应调控中心详细汇报，汇报内容为：

① 一次设备现场外观检查情况。

② 现场是否有人工作。

③ 站内相关设备有无越限或过载。

④ 站用电安全是否受到威胁。

⑤ 对二次设备的动作情况进行初步分析（包括故录是否动作、故障相别、故障测距等）。

⑥ 二次设备复归情况。

⑦ 对于强送不成的，仍必须按相关流程汇报。

⑧ 现场处理意见和将采取的措施。

（2）二次设备（包括继电保护及相关通道）异常或告警。

1）现场变电运维人员应在到达现场后 5min 内，尽速向对应调控中心汇报。

① 发生异常或告警二次设备。

② 发生微机保护装置死机，一般不要通过开关电源重启来进行恢复，要及时汇报调控中心以及上报重要缺陷，须继保人员检查确认后，根据情况得出可否投运的结论，由变电运维人员向对应调控中心汇报后投运或退出。

2）现场变电运维人员应同时将情况告班组管理人员、主管技术人员，通知相关人员到现场抢修，加强现场设备巡视。

（3）遥测、监控系统故障

1）现场变电运维人员应在到达现场后 5min 内，尽速向对应调控中心汇报。

① 异常设备现场检查情况。

② 是否可以尝试通过重新启动遥测、监控系统主机排查故障。

注意：遥测、监控系统重启必须得到对应调控中心当值调度员同意后方可进行。

2）现场变电运维人员应同时将情况告知班组管理人员、主管技术人员，通知相关人员到现场抢修，加强现场设备巡视。

（4）电压越限汇报处理流程。

1）在正常方式下，各 500kV 变电站根据网调或省调下发的电压控制曲线按逆调压工作，在系统出现电压有偏高电压控制曲线趋势时，主动进行调节，使电压保持在正常范围内。变电站应根据电压曲线投切低抗/电容器，10min 内控制到正常电压监视范围内。

2）当各站超过电压控制曲线且无调节能力时，应在 5min 内汇报网调和相关省（市）

调。汇报内容为：

① 电压越限的时间及持续时间，当前实际电压值。

② 本站的监控电压值和考核电压值。

③ 已经采取的手段及无功补偿设备是否有缺陷。

（5）汇报情况后，应做好调整方式而进行电气操作的准备工作，在接到调控中心操作命令后应立即进行操作，不得延误。

三、事故处理总则

（1）变电站全停，一般是因为母线故障或断路器拒动造成的，也可能因为外部电源造成的。要根据仪表指示、保护和自动装置动作情况、断路器信号及事故现象（如火光、爆炸声）判断事故情况，而迅速采取措施。切不可只凭站用电源或照明全停而误认为变电站全停电。

（2）多电源的变电站全停时，应立即将各电源间可能联系的断路器断开。双母线应首先断开母联断路器以及所有连接母线的元件，防止突然来电造成非同期重合闸。但每组母线上应保留一个主要电源线路断路器在投入状态，以便及早判明来电时间。如有黑启动方案时，必须按照黑启动方案要求执行。

（3）有备用电源的变电站全停电时，已判明不是因本站设备故障和不是因本站断路器拒动引起的，应立即切换备用电源。如两侧全停时，应注意监视当任一侧来电时即可受电。在进行受电端电源线路的倒闸操作过程中，严禁将两侧电源断路器同时投入，以免造成误并列或扩大事故。

（4）单电源的变电站全停时，应立即检查全站设备。确认不是本站事故时不得将受电线路的断路器断开，并加强监视。当来电时立即恢复供电。

（5）无论多电源或单电源供电的变电站在发生全停时，所有向用户供电的线路（指线路末端无电源的），且其断路器保护并没有动作的不应断开其断路器。但另有规定者（如停电后需经联系送电的线路）除外。

四、典型设备事故处理具体原则

1. 母线故障处理原则

（1）当母线本身无保护或保护装置因故停用，如母线故障，则其所接母线的线路断路器不会动作跳闸，须由对侧断路器跳闸，应按以下要求处理：

1）单母线运行时，经检查没有发现明显故障点时，可选择适当电源线路强送一次。强送不成可切换至备用母线运行。

2）当母线运行时，应立即断开母联断路器，经检查无明显故障点后，选择适当的电源线路分别强送一次，然后恢复强送良好的母线运行。

（2）当母线由母差保护动作而停电时，应按以下要求处理：

1）单母线运行时，经检查有条件的可切换至备用母线运行。或尽快排除母线故障后试送电，正常后恢复供电。

2）双母线单母线故障时，在找到故障点后但又不能很快隔离的，若为其中一条母线故障停电时，应对故障母线上各连接元件检查确保无故障后，采用冷倒至运行母线并恢复送电，操作中要防止非同期合闸。

3）双母线双母线同时故障时，应立即断开母联断路器，经检查排除故障后再送电。要尽速恢复一条母线运行。当另一条母线不能恢复时，应将不能恢复的母线所带负荷倒至运行母线供电。

4）当母线失电（即母线本身无故障而失去电源）时，变电运维人员必须将失电母线上的所有断路器全部拉开，除规程中有规定的保留断路器外，然后汇报设备所属调控中心以及相关调控中心，对停电母线的试送，尽可能采取外来电源。判别母线失电的依据是同时出现下列现象：

① 该母线的电压表或后台电压指示消失。

② 该母线的各出线及主变压器负荷消失。

③ 该母线所供的厂用或站用电失去。

（3）在处理母线事故过程中要注意以下问题：

1）有条件的情况下，且无法确证故障具体部位时，尽量用电源线路而不用母联断路器试送母线。

2）注意防止非同期合闸，对端有电源的线路必须联系调控中心处理。

3）对无电源的受端线路，可不经联系送出（有规定者除外）。

4）母线靠线路远端保护者，在试送电前应将对端的重合闸停用。

（4）经判断是由于连接在该母线上的元件故障造成的，即将故障元件隔离，然后恢复该母线送电。

（5）母线故障，在通信失去联系时，变电运维人员必须正确判断。根据上述原则，能自行处理的先自行处理。处理不了的应做好必要和一切准备工作，并积极设法与调控中心联系。

2. 主变压器故障处理原则

（1）主变压器断路器跳闸时，应首先根据继电保护的动作情况和跳闸时的外部现象，迅速判明故障原因后再进行处理。

1）若主变压器保护瓦斯及差动同时动作，在未查明原因和消除故障前不得进行强送。

2）若主变压器保护瓦斯或差动之一动作跳闸，在检查主变压器外部无明显故障，检查瓦斯气体特征，证明主变压器内部无明显故障时，在系统急需时可以试送一次。但试送不成者不得再次进行试送。

3）若只是主变压器的后备保护（如过流或低压过流保护）动作，在找到故障并有效隔离后，一般可对主变压器进行一次试送，如确证是线路故障引起越级所致，可不必检查即可送电。

4）当主变压器故障所带负荷需倒至其他电源供电或主变压器过流保护动作跳闸需

恢复原方式供电时，应先给母线充电，然后逐个送出各线路断路器。

5）有备用主变压器或备用电源自动投入装置的变电站，当运行主变压器跳闸时，应启用备用变压器或备用电源，然后检查跳闸的主变压器。

（2）变压器一般不允许无保护运行，必要时应请示总工批准。

（3）变压器过负荷的允许值应遵守制造厂的规定。

（4）变压器事故过负荷时，应立即设法使变压器在规定时间内降低到额定负荷。

1）迅速投入备用变压器。

2）按照拉路序位表，进行紧急拉路处理。

3）与调控中心联系将负荷转移，如改变系统接线方式等。

3. 电压互感器故障处理原则

（1）电压互感器发生异常情况，若随时可能发展成故障时，则不得就地操作该电压互感器的高压隔离开关。不得将该电压互感器的二次侧与正常运行的电压互感器二次侧进行并列。不得将该电压互感器所在母线的母差保护停用或将母差改为破坏固定接线的操作。

（2）若发现电压互感器有异常情况时，应采取下列方法尽快将该电压互感器进行隔离。

1）该电压互感器高压隔离开关可遥控时，可遥控拉开高压隔离开关进行隔离。

2）用断路器切断该电压互感器所在母线的电源或所在线路二次侧的电源，然后隔离故障的电压互感器。

4. 系统线路故障处理原则

（1）线路故障跳闸后，为加速事故处理，调控中心会要求立即进行强送，但原则上对 500kV 线路的强送要求在跳闸后 15min 或以上进行。强送前一般须完成下列工作：

1）强送端的选择，一般要求使系统稳定不致遭破坏的原则。对于受端必定考虑电源端进行强送。但送前当值人员要注意对于双回主干线路，正常运行的输送稳定限额，在强送过程中，必须在规定限额内。

2）当值人员必须对故障跳闸线路流过短路电流的有关回路设备（包括断路器、隔离开关、电流互感器、电压互感器、耦合电容器、阻波器、高压电抗器、继电保护等设备）进行细致的外部检查，并将检查情况在故障后 15min 内汇报调控中心。以便调控中心按照汇报情况迅速做出是否进行强送的依据。

3）强送端主变压器的中性点必须接地。强送前必须检查强送断路器完好，保护正确投入运行。

4）强送前要检查母线电压是否在正常监视范围内，否则要及时报告调控中心，以免强送后，导致过电压情况发生。

（2）断路器切除故障的次数应根据现场规定执行，断路器实际切除故障的次数应及时做好登记。当线路跳闸后，是否进行强送或强送成功后是否需要停用重合闸，或断路器切除故障次数已到规定次数，必须由变电运维人员根据现场规定，向设备所属调控中心提出要求。

（3）当 500kV 线路保护和高压电抗器保护同时动作跳闸时，则应按线路和高压电抗器同时故障来考虑事故处理。在未查明高压电抗器保护动作原因和出现事故之前不得进行强送，如确因系统急需对故障线路送电，在强送前则应将高压电抗器退出后才能对线路强送。同时必须符合高压电抗器运行的规定。

（4）线路一次侧断路器跳闸后（属于断路器偷跳），有同期装置且符合合环条件，则当值变电运维人员可不必等待调控中心指令迅速同期并列方式合环，如无法迅速合环时，应及时向调控中心汇报，尤其对 500kV 线路应尽可能避免长期处于充电状态运行。但对于线路事故跳闸引起的，则不允许自行强送，必须联系所属调控中心，以防止非同期合闸。对并列线路或环状回路之任一线路跳闸，由于供电不间断，一般应联系现场检查继电保护自动装置情况后，再决定恢复送电。

（5）对于因线路带电作业停用重合闸的线路发生故障跳闸后不得进行强送。

（6）有下列情况之一者禁止强送电：

1）线路跳闸或重合不良的同时伴有明显的故障象征，如火光、爆炸声、系统振荡等。

2）空充电线路。

3）有特殊要求的线路。

5. 系统电容和电抗器故障的处理原则

（1）油浸式高、低压电抗器异常的处理原则与主变压器异常的处理原则相同。

（2）干式低压电抗器的异常处理应立即汇报调控中心，处理中要注意跨步电压和接触电压对人身的伤害。

（3）低压电容和低压电抗器有总断路器的，则按调控中心要求，拉开总断路器后进行隔离即可，对无总断路器时，则必须停用主变压器，因此要做好负荷分配和监视工作，防止主变压器过载。

（4）电抗、电容保护动作跳闸，一般不得试送，经现场检查并处理后，确定符合送电条件方可送电。

6. 系统断路器及隔离开关异常的处理原则

（1）断路器非全相运行的处理原则

当发现断路器两相运行时，现场变电运维人员应自行迅速恢复全相运行，如无法恢复，则可立即自行拉开该断路器，事后迅速汇报调控中心当值调度员。

（2）断路器非全相运行且分合闸闭锁处理原则

1）对于 220kV 系统线路断路器发生非全相且分合闸闭锁时，应首先拉开对侧断路器使线路处于充电状态，如有旁路断路器的，可以采取用旁路断路器与线路串联运行，利用旁路断路器来断开电源并隔离此断路器。

2）对于 500kV 主变压器 220kV 侧断路器发生非全相且分合闸闭锁时，应首先拉开主变压器 500kV 侧断路器和低压侧断路器，使主变压器处于充电状态，再设法隔离此断路器。

3）对于 220kV 系统母联断路器发生非全相分合闸闭锁时，应首先将负荷较轻的一组母线上的元件冷倒至另一组母线，然后用母联断路器的两侧隔离开关将母联断路器隔离。

4）对于 220kV 系统旁路断路器发生非全相且分合闸闭锁时，用旁路断路器的两侧隔离开关将旁路断路器隔离。

5）对于接线方式为 3/2 接线的 500kV 系统断路器发生非全相且分合闸闭锁时，当接线在三串及以上时，对运行元件影响较小时，可以采用两侧隔离开关将该断路器隔离。否则采取切断与该断路器有联系的所有电源的方法来隔离此断路器。

（3）运行中的隔离开关发生下列情况之一应汇报相关调控中心当值调度员。

1）隔离开关支持或传动绝缘子损伤或放电。

2）隔离开关动静触头或连接头发热或金具损坏。

3）隔离开关在操作过程中发生拉不开或合不到位。

4）操作连杆断裂，支持绝缘子断裂。

（4）运行中的隔离开关发生以上的严重故障时，应设法将隔离开关停电处理。

7. 站用电源故障处理原则

（1）当两台站用变压器一台运行一台备用时，应立即进行站用变压器切换操作，并将故障变压器停电。

（2）当两台站用变压器分供站用负荷时，应将故障站用变压器拉停，合上站用电分段断路器，将所有负荷倒至正常运行的站用变压器运行。

（3）站用变压器内部故障严禁用隔离开关操作拉停，应用断路器进行分断。

（4）一台站用变压器故障后，要确保另一台站用变压器能可靠运行。否则必须向工区主管领导汇报，要求准备发电车备用增援，同时应将情况报告相关调控中心。

8. 直流电源故障处理原则

（1）直流系统发生接地时，应立即查找处理，不允许直流系统长期接地运行。

（2）发现直流接地在分析、判断基础上，用拉路查找分段处理的方法，以先信号和照明部分、后操作部分，先室外、后室内部分为原则，依次：

1）区分是控制系统还是信号系统接地。

2）信号和照明回路。

3）控制和保护回路。

4）取熔断器的顺序。

（3）查找直流接地的注意事项如下：

1）查找和处理直流接地故障时至少有两人进行。

2）在取下直流操作或保护熔断器时，应先将可能误动的保护退出，再操作。

3）接地选择取下或装上熔断器的顺序：先取正、后取负，先装负、后装正，防止产生寄生回路，造成断路器跳闸。

4）查找和处理直流一点接地时，严禁造成直流另一点接地或短路。

5）当直流系统发生接地时，禁止在二次回路上工作。

6）用拉路的方法查找接地时，无论该回路有无接地，均应迅速将断开的直流熔断器装上。

第六节　电气设备验收的安全要求

一、设备验收的一般规定

为严格控制电气设备、继电保护、安全自动装置和计算机监控系统的安装调试质量，确保设备安全投入电网运行，提高供电可靠性，所有变电设备在投入电网前都应进行现场验收。目前，随着电网的发展，为提高设备检修后的验收效率，提出对设备检修后进行状态验收。状态验收是设备检修结束后，由变电运维人员会同工作负责人对检修后的电气设备进行一、二次设备与工作许可时设备状态的核对过程，检修质量由变电检修人员负责，变电运维人员只需核对设备状态符合许可前的设备状态即可。但下列工作不适用状态验收。

（1）变电站自动化改造。

（2）新、扩建设备间隔。

（3）一次单元设备整体更换，如：变压器、断路器、隔离开关、互感器等。

（4）一次系统回路中，增加单元设备。

（5）二次设备外回路增加元件，如：增加压板、继电器等。

（6）二次系统整套保护更换或安装。

二、设备验收基本要求

1. 设备验收总则

（1）询问检修人员的检修项目，核对工作票中工作内容是否符合，有否遗漏。

（2）询问设备试验数据和技术状况，检修中发现和处理了哪些缺陷，还存在哪些问题，设备进行了哪些检修和改进，哪些部件、元件、回路接线作了改动，更改后设备性能有什么变化，设备状况有无变动，并要求检修人员详细记入检修记录簿。

（3）检修设备能否投运，设备运行中应注意事项，要求检修人员详细记入检修记录簿。

（4）设备检修后一般应无缺陷遗留，有缺陷遗留应要求检修人员详细说明遗留原因，并记录在册。

（5）检查实际检修项目和检修质量，设备部件动作是否灵活，设备部件有无渗漏和泄漏。

（6）检查设备进行操作试验，检查各部件应完整，外部清洁，油位合适清晰，油漆良好，防误装置完好。

（7）检查设备标志、信号、表计等正确齐全并与设备实际状况一致。

（8）临时接线拆除，电气接线恢复停役时的状态。

（9）继电保护重点验收继电保护二次回路、电流互感器变比、保护整组传动试验、保护装置软件版本与整定值、《国家电网公司十八项电网重大反事故措施》继电保护专业重点实施要求等项目。

（10）对所有遥信、保护动作信号与实际所操作的一、二次设备一起进行模拟传动试验，核对间隔单元、站级系统、集控站系统及各调控中心系统信息指示及各种告警记录功能是否均正确。

（11）对所有控制对象均与实际所操作的一、二次设备一起进行模拟拉合试验，五防逻辑闭锁试验，核对间隔单元、站控系统、集控站系统的控制操作及其闭锁措施是否均正确。

（12）设备验收完后设备状况恢复与实际运行状态一致。

（13）检查检修现场整齐清洁，符合工作结束的条件。

2. 状态验收内容

（1）一次设备：检查检修后的一次设备状态与工作许可时相一致，所有柜门、箱门均按要求关好，电缆孔洞封堵完好。包括断路器、隔离开关、接地开关等分、合闸实际位置状态，接地线实际挂设位置和数量，设备外观等。

（2）二次设备（含自动化设备）：检查与该间隔相关的二次压板、电流端子、切换开关、空气小开关、熔断器的投（放）、停（取）位置状态，监控后台一次设备显示位置状态，继电保护、自动装置定值及设备外观。

（3）缺陷处理工作结束后，除状态验收外，还应对缺陷处理结果进行验收。

3. 状态验收方式

（1）设备状态交接验收，采用"设备状态交接验收单（卡）"形式。

（2）单间隔检修工作以工作票为单位填写设备状态交接验收单（卡）。集中检修工作以检修区域划分，分块填写设备状态交接验收单（卡），区域划分由检修部门提供，也可双方商量决定。

（3）设备状态交接验收单（卡），由当班变电运维人员（工作许可人）工作许可前，根据工作票的实际工作内容和设备状态，参照典型设备状态交接验收单（卡）进行拟写，经当班负责人审核无误后执行。

（4）设备状态交接验收单（卡）一式两份。工作许可时，由工作许可人和工作负责人到现场共同核查设备状态，由工作许可人逐项（条）填写打勾，并经双方签名确认，运行、检修各执一份。

（5）检修后设备状态的交接验收，先由工作负责人自行进行检查确认，然后向当班变电运维人员提出申请，工作票负责人与变电运维人员（工作许可人），共同到现场检查核对检修后的设备状态，按设备状态交接验收单（卡）的内容逐一核对设备状态，逐项打勾确认并双方签名，各执一份，与工作票一并留存备查。

（6）检修后设备状态一经验收签字确认后，该检修区域内任何人不得进行工作，否则按无票工作论处。无调控中心操作指令，任何人员不得操动或改变设备状态。若确因需要，须经有关领导和调控中心批准，并办理相关手续。

三、设备验收安全注意事项

设备验收时风险主要有误入带电间隔、高空坠落等。具体见表2-3。

表2-3　　　　　　　　　　　电气设备检修后验收安全风险辨识及预控表

序号	辨识项目	辨识内容	典型控制措施
一、公共部分			
1	人员身体、精神状态	验收人员的身体状况、精神状态是否良好	1. 应注意休息，保证良好的精神状态和体力。 2. 按要求穿全棉工作服，着装规范，劳保用品佩戴齐全且规范。 3. 当班值班负责人、变电站办公人员、现场稽查人员等发现验收人员精神不振、注意力不集中时，应及时询问、提醒，必要时更换合适的人员。 4. 根据实际工作情况合理安排验收人员。 5. 现场配备必需应急药品，如防暑降温药品
2	业务技能	变电运维人员业务不精，不能胜任验收作业	1. 验收前，有针对性地对验收人员进行验收作业重点、要求、人员防护等方面的交底。 2. 适当安排能胜任或辅助性工作，安排师傅专门带领工作
3	作业组合	验收人员是否合适	1. 调整验收人员。 2. 合理分配验收工作任务，在全停或半停模式下，可以分区域、分人员进行验收
4	现场环境	生产区域内地面不平整，高层工作面湿滑等	1. 验收时应穿工作鞋。 2. 及时清除高层平台、通道等积雪、结冰（霜）、油污并采取防滑措施。 3. 全部工作完毕后，工作班应清扫、整理现场，清除油污
5	现场交底	验收作业安全注意事项，危险点分析交底不到位	1. 验收前，对危险点进行全面分析并采取有效的预控防范措施。 2. 当班值班负责人或变电站办公人员提前准备好安全注意事项内容。 3. 结合设备状态交接验收单（卡）认真开好安全交底会
6	作业安全策划	设备状态交接验收单（卡）的编制、审批和执行未按有关规程、标准和制度要求严格执行	1. 根据工作内容提前制定设备状态交接验收单（卡），做到内容规范、完整，符合工作设备实际状态。 2. 典型设备状态交接验收单（卡）审核、批准手续完备。 3. 现场工作按照设备状态交接验收单（卡）流程严格执行，各种过程记录及时完整
7	气象条件	雷雨、大风、暑天、夜间等恶劣天气时，安全措施不当引起的触电。冰雾天气，上下室外楼梯滑跌、踏空。验收道路、操作平台结冰滑跌	1. 雷雨、大风天气验收设备劳动防护用品应穿戴正确。如：绝缘鞋或绝缘靴等。 2. 暑天验收应配备必要的中暑药品，并做好防暑降温工作。 3. 夜间验收应携带足够的照明用具。 4. 及时清除冰雪，穿绝缘靴慢行，抓住楼梯扶手行走
二、作业内容			
1	验收设备触电	验收设备时，超出验收工作范围做其他工作、思想不集中，移开或越过遮栏等	1. 验收人员必须由副值及以上值班资质人员担任。 2. 验收高压设备时，不得进行其他工作，不得移开或越过遮栏，不得攀登与验收设备无关的构架。 3. 若需移开或越过遮栏时，必须有监护人在场，并与设备保持足够的安全距离

序号	辨识项目	辨识内容	典型控制措施
1	验收设备触电	雷雨天气验收设备时，靠近避雷器、避雷针，遇雷反击，造成触电	1. 雷雨天气需要验收室外高压设备时，应穿绝缘靴、戴安全帽，并不得靠近避雷器和避雷针。 2. 应穿雨衣，严禁打伞验收
		夜间熄灯验收设备时，验收人员因光线不足，误入带电区域	1. 经常保持照明灯具电源充足。 2. 验收人员与带电设备保持足够的安全距离
2	物体打击	高空落物伤人	检查安全帽，并正确佩戴安全帽
3	验收现场	1. 验收路线上有障碍物。 2. 验收设备时移开或越过遮栏或进行其他工作。 3. 电缆盖板不稳固，引起绊倒、踏空坠落。 4. 设备验收过程中，误分合隔离开关或接地隔离开关	1. 检修工作结束后工作负责人应全面检查工作场所，对工作需要揭开的电缆盖板必须盖好。清理工作场所。 2. 临时打的孔、洞，检修施工结束后，在变电运维人员确定稳固后方可验收合格。 3. 遵守《安规》规定，验收时不得单独移开或越过遮栏进行工作。若有必要移开遮栏时必须有监护人在场，并遵守《安规》规定。 4. 严格遵守规定，无验收设备资格人员不得进行验收。 5. 夜间验收时携带照明度合格的照明器具。保障户外照明充足、完好。 6. 验收工作中，需分、合隔离开关或接地隔离开关，应得到变电运维人员的许可和监护。 7. 操作前，认真执行"三核对"。 8. 电气设备名称、编号牌齐全
4	使用梯子攀登或在高处验收	梯子本身不符合要求，使用中造成坠落	1. 每半年进行一次荷重试验，每月检查一次，使用前检查。 2. 发现问题应及时修复或更换高处作业人员应穿防滑性能好的绝缘鞋，戴安全帽
		梯子放置不符合要求造成坠落	1. 升降梯伸出后，应将控制爪卡牢，升降绳必须牢固可靠绑扎在梯子的下部。 2. 梯子与地面的夹角为65°左右，底脚应采取可靠的防滑措施，放置稳固。 3. 工作前，须把梯子安置稳固，禁止把梯子架设在木箱等不稳固的支持物上或容易活动的物体上使用。 4. 人字梯的限制开度拉链应完全张开。 5. 靠在软母线上使用的梯子，其上端须有挂钩或用绳索缚住
		上、下梯子防护措施不当造成坠落	1. 工作人员应穿工作鞋，上下梯子时脚要踩稳，手要抓牢。 2. 专人扶持，以防梯子滑动。 3. 工作人员上下梯子时，应面部向梯子一方。 4. 人字梯的绳链和限制开度的拉链需坚固
		在高处验收时未采取措施，造成坠落	1. 工作人员必须在距梯顶不少于2档的梯蹬上工作。 2. 梯子一般只准一个人短时间工作。 3. 人在梯子上时，禁止移动梯子。 4. 在通道上使用梯子时，应设监护人或设置临时围栏。 5. 梯子不准放在门（窗）前使用，必须使用时，应采取防止门（窗）突然开启的措施
5	验收中发现设备缺陷处理	发现设备缺陷，擅自处理，误碰带电设备造成的触电	1. 验收中发现设备缺陷应仔细观察，正确判断，真实记录，及时向工作负责人汇报。 2. 缺陷处理应有监护及完备安全措施的情况下方可进行处理
6	工作票终结	设备验收不到位，设备未恢复到许可前状态造成设备损坏、人身伤害	1. 变电运维人员应向工作负责人了解所修项目、发现问题、试验结果和存在问题。 2. 与工作负责人共同检查设备状况、状态，有无遗留物、是否清洁。安全措施是否恢复到工作许可时状态
		工作票终结临时安全措施不及时恢复造成人身伤害	1. 办理工作票终结手续，在工作内说明保留的接地线编号、组数，接地开关副数。如隔班则应在运行日志和交班中交待清楚。 2. 应及时拆除临时安全措施，收回标示牌，恢复常设遮栏。 3. 对部分未完成的工作应办理新的工作票，重新布置安全措施

第三章

智能变电站的运维安全

全站信息数字化、通信平台网络化、信息共享标准化是智能变电站最基本的特点，同时具有功能集成化、结构紧凑化、状态可视化等显著技术特征，易扩散、易升级、易改造、易维护，被认为是变电站发展历史上的一次革命。

智能变电站是采用先进、可靠、集成、低碳、环保的智能设备，以全站信息数字化、通信平台网络化、信息共享标准化为基本要求，自动完成信息采集、测量、控制、保护、计量和监测等基本功能，并可根据需要支持电网实时自动控制、智能调节、在线决策、协同互动等高级功能的变电站。智能变电站是以智能化一次设备和网络化二次设备分层构建，以 IEC 61850 通信标准为基础，能够实现变电站内智能设备间信息共享及互操作，同时拓展变电站内设备的智能高级应用。非常规互感器的应用促成了变电站电气量信息采集的数字化，IEC 61850 通信标准的实施为变电站实现信息统一建模奠定了基础，以太网技术的发展为变电站内实现基于网络方式的信息交互提供了技术支撑，智能断路器技术的发展使变电站自动化技术实现了二次设备向一次设备的应用延伸，设备间的无缝连接解决了装置间互操作，取消了传统出口硬压板，为程序化操作的实施提供了技术支撑。

第一节　目前常见的智能设备

一、电子式互感器

随着计算机技术和电力设备二次系统测量、保护装置的数字化发展，电力系统对测量、保护、控制和数据传输智能化、自动化及电网安全、可靠和高质量运行的要求越来越高，具有测量、保护、监控、传输等组合功能的智能化、小型化、模块化、一体化电力设备，对电网安全、可靠和高质量运行具有重要意义。

传统的电磁式互感器难以直接完成计算机技术对电流、电压完整信息进行数字化处理的要求，难以实现电网对电量参数变化的在线监测，阻碍了电力系统自动化向更高水平发展，因此寻求一种能与数字化网络配套使用的新型互感器成为电网安全高效运行的迫切需要。

电子式互感器，二次输出为小电压信号，无须二次转换，可方便地与数字式仪表、微机保护控制设备接口，实现计量、控制、测量、保护和数据传输的功能，且消除了传统电磁式电流互感器因二次开路、电压互感器二次短路给电力系统设备和人身安全带来的故障隐患。

电子式互感器能有效降低变电站的建设成本和运行维护成本，提高电网运行质量、安全可靠性和自动化水平，因其几乎不消耗能量、无铁心（或仅含小铁心）且减少了许多有害物质的使用而使其成为节能和环保产品。

同时，智能电网的快速发展推动了电子式互感器的发展，智能电网要求变电站全站信息数字化、通信平台网络化、信息共享标准化。电子式互感器具有优良的性能，采用光纤点对点或组网的方式传输数据，很好地适应了智能电网的发展需求。

根据工作原理的不同，电子式互感器可分为无源式和有源式两类。所谓无源式电子互感器，是指高压侧传感头部分不需要供电电源的电子式互感器，而有源式电子互感器是指传感头部分需要供电电源的电子式互感器。

无源式电子互感器的优点是，在传感头部分用光学原理，不需要复杂的供电装置，整个系统的线性度比较好，缺点是传感头部分有复杂而不稳定的光学系统，容易受到多种环境因素的影响，影响了实用化的进程。

有源式电子式互感器的原理大都比较简单，在有源式电子式电流互感器中，作为一次电流采样传感头的元件有罗哥夫斯基 Rogowski 线圈和传统的电磁式电流互感器（轻载线圈）等。有源式电子式电压互感器主要利用传统的电阻分压器、电容分压器以及单个电容器测量电压值。

与传统电磁式互感器相比，电子式互感器具有以下优点：

（1）集测量和保护于一身，能快速、完整、准确地将一次信息传送给计算机进行数据处理或与数字化仪表等测量、保护装置相连接，实现计量、测量、保护、控制、状态监测。

（2）不含铁心（或含小铁心），不会饱和，电流互感器二次开路时不会产生高电压，电压互感器二次短路时不会产生大电流，也不会产生铁磁谐振，保证了人身及设备的安全。

（3）二次输出为小电压信号，可方便地与数字式仪表、微机测控保护设备接口，无需进行二次转换（将 5A、1A 或 100V 转换为小电压），简化了系统结构，减少了误差源，提高了整个系统的稳定性和准确度。

（4）频响范围宽、测量范围大、线性度好，在有效量程内，电流互感器准确级达到 0.2S/5P 级，仅需 2～3 个规格就可以覆盖电流互感器 20～5000A 的全部量程，电压互感器测量准确级可达到 0.2/3P 级。

（5）电压互感器可同时作为带电显示装置实现一次电压数字化在线监测。

（6）体积小、重量轻，能有效地节省空间，功耗极小，节电效果十分显著，且具有环保产品的特征。

（7）安装使用简单方便，运行无须维护，使用寿命大于 30 年。

二、智能终端

智能终端是作为过程层设备与一次设备采用电缆连接，与保护、测控等二次设备采用光纤连接，实现对一次设备（如：断路器、隔离开关、主变压器等）的测量、控制等功能的装置。

智能终端应具备的功能有：支持实时 GOOSE 通信，通过与保护和测控等装置相配合能够实现接受相关保护跳合闸命令、测控的手合/手分命令及隔离开关、接地开关 GOOSE 命令，对断路器、隔离开关进行分合操作、联闭锁，同时能够就地采集断路器、隔离开关等一次设备的断路器量信号并通过 GOOSE 网络上传给保护和测控装置。智能终端还能采集断路器本体信号（含压力低闭锁重合闸），实现跳合闸自保持功能等。

主变压器智能终端还应具备的功能有：非电量保护、起动风冷、闭锁调压就地执行、档位测量、遥控等。非电量保护跳闸通过控制电缆以直跳方式实现。

三、合并单元

合并单元是对一次互感器传输过来的电气量进行合并和同步处理，并将处理后的数字信号按照特定格式转发给间隔层设备使用的装置。

合并单元是电流、电压互感器的接口装置。合并单元在一定程度上实现了过程层数据的共享和数字化，它作为遵循 IEC 61850 标准的数字化变电站间隔层、站控层设备的数据来源，作用十分重要。合并单元是实现互感器与保护、测控及录波等二次设备接口的关键装置。合并单元同时接收并处理三相电流和三相电压信号，并输出给二次设备使用，可以通过灵活扩展给多个保护和测控装置提供数据。合并单元还具备实现独立采样的三相电流和三相电压信号同步的功能。为了配合电压切换和电压并列，一般合并单元还带 GOOSE 信号接收功能，并在内置程序中包含相关逻辑。

四、智能继电保护及自动化装置

智能变电站的继电保护及自动化装置与传统变电站相比，开关量、模拟量均通过光纤以太网获得。目前采样值的光纤接口为 SV 接口，开关输入量的光纤接口为 GOOSE 口，一般在装置上独立设置。

智能变电站的继电保护及自动化装置的控制命令一般通过 GOOSE 传输到对应智能终端或其他智能设备，但主变压器的非电量保护仍然采用继电器回路直跳方式，同时能输出相应的 GOOSE 信息，既保证可靠性，也能满足数字量接口。

智能变电站的继电保护及自动化装置取消了传统的硬压板，只保留一块"检修状态"硬压板，其他所有保护功能投入与装置出口压板均采用软压板实现。软压板根据其功能不同为三类，分别为功能软压板、GOOSE 发送接收软压板、MU 软压板。

智能继电保护典型实施方案介绍如下。

（1）220kV 线路保护：每回线路保护应配置两套包含完整的主、后备保护功能的线路保护装置，合并单元、智能终端应采用双重配置。保护应直接采样，两套保护的采样值应取自相互独立的合并单元。线路间隔内采用保护装置与智能终端间的点对点直接跳闸方式，两套智能终端与断路器两个跳圈一一对应。装置闭锁信息、跨间隔信息（如启动失灵、远跳、闭重等）采用 GOOSE 网络传输。

（2）110kV 线路保护：一般采用保测一体装置，每回线路一般配置单套完整的主、后备保护功能的线路保护装置。合并单元、智能终端一般均采用单套配置。

（3）220kV 及以上母线按双重化配置母线保护。母线保护直接采样、直接跳闸，当接入元件较多时，可采用分布式母线保护。

（4）变压器保护：220kV 及以上变压器按双重化配置，每套保护包含完整的主、后备保护功能，变压器各侧及中性点、公共绕组的合并单元均按双重化配置。110kV 变压器电量保护宜参照 220kV 配置。变压器保护直接采样，直接跳各侧断路器。变压器保护跳母联、分段断路器及闭锁备自投、启动失灵等可采用 GOOSE 网络传输。变压器保护可通过 GOOSE 网络接收失灵保护跳闸命令，并实现失灵跳变压器各侧断路器。变压器非电量保护采用就地直接电缆跳闸，信息通过本体智能终端上送。

（5）母联（分段）保护：220kV 及以上按双重化配置，110kV 采用单套配置。跳闸采用点对点直接跳闸方式，其他保护跳母联（分段）可采用 GOOSE 网络方式。

第二节　智能设备运行维护的安全要点

智能变电站的主要智能设备有电子式互感器、智能终端、合并单元和智能继电保护及自动化装置等。智能变电站的日常巡视由变电运维人员负责完成，主要完成对变电站一次、二次、通信、计量、站用电源及辅助系统等智能设备运维工作。专业巡视由相关设备检修维护部门的相关专业负责。

对于智能变电站现场设备满足智能化技术水平、设备状态可视化的，可进行远程巡视，并适当延长变电运维人员的现场巡视周期。状态可视化完善的智能设备，宜采用以远程巡视为主、以现场巡视为辅的巡视方式。设备运行维护部门应结合变电站智能设备智能化水平制定智能设备的远程巡视和现场巡视周期，并严格执行。

一、智能设备运行维护总体要求

（1）变电站智能设备的运行维护应遵循《输变电设备状态检修试验规程》《智能变电站自动化系统现场调试导则》等相关规程。

（2）智能设备维护应综合考虑一、二次设备，加强专业协同配合，统筹安排，开展综合检修。

（3）智能设备的维护应充分发挥智能设备的技术优势，利用一次设备的智能在线监测功能及二次设备完善的自检功能，结合设备状态评估开展状态检修。

（4）智能设备的维护应体现集约化管理、专业化检修等先进理念，适时开展专业化检修。

二、智能一次设备巡视内容

（1）检查设备外观完整无损伤，本体及附件无异常发热、锈蚀、异响及异味，接地良好。

（2）设备上各一次引线接触良好，无脱落，接头无过热、变色。

（3）设备外绝缘表面清洁，无裂纹及闪络现象。

（4）金属本体、支架、遮栏无锈蚀，基础无倾斜变形。

（5）瓷套、底座、阀门和法兰等部位无渗漏油现象。

（6）有源式电子互感器应重点检查供电电源工作有无明显异常。即电子式、光学互感器的传感元件控制电源空气断路器正常投入。

（7）采集器无告警、无积尘，光缆无脱落，箱内无进水、潮湿、过热等现象。

（8）安装有在线监测的设备应有变电运维人员定期对在线监测数据查看分析，及时掌握互感器运行状况。

三、智能二次设备

1. 巡视内容

现场巡视主要包括继电保护运行环境、外观、压板及把手状态、时钟、装置显示信息、定值区及定值、装置通信状况、打印机工况等。还要检查智能控制柜、端子箱、汇控柜的温度、湿度、防水、防潮、防尘等性能满足相关标准要求，确保智能控制柜、端子箱、汇控柜内的智能终端、合并单元、继电保护装置等智能电子设备的安全可靠运行。具体如下。

（1）保护装置外壳应保持清洁，外盖无松动、破损、裂纹现象。

（2）保护装置工作状态应正常，液晶面板和各指示灯显示正确，无异常响声、冒烟、烧焦气味，面板无模糊。

（3）保护装置面板循环显示的运行参数、定值区均正确。

（4）核对保护装置液晶面板显示时间，对时应正常。

（5）保护装置应无异常告警或报文，无可能导致装置不正确动作的信号或报文，如：SV 采样数据异常、SV 链路中断、GOOSE 数据异常、GOOSE 链路中断、通信故障、插件异常、对时异常、重合整定方式出错、通道故障、电流互感器二次断线、电压互感器二次断线、开入异常、差流越限、长期有差流、投入状态不一致、过负荷、装置长期启动、复合电压开放、定值校验错误等。应加强记录与分析，如发现问题应及时通知检修人员，并向主管部门汇报。

（6）定期用红外热成像仪进行测温检查，重点检查并记录保护装置背板插件、光纤接口、直流回路的空气断路器等温度。光纤接口的运行温度不应高于 60℃。

（7）检查各保护装置及交换机上各光纤接口、网线接口应连接正常，网线端口处通信闪烁灯正常，尾纤、网线无破损和弯折。

（8）检查保护装置软、硬压板应投退正确，重点核对保护功能、SV 接收、GOOSE 输出和接收等软压板。

（9）若需要对保护屏柜及光纤回路进行清扫，必须做好相应的安全措施，避免因清扫工作造成回路通信故障。

（10）智能变电站继电保护及安全自动装置的运行环境温度应保持在5～30℃。设备运行环境湿度大于65%时，应开启空调进行除湿。

（11）检查打印机是否处于正常的打印状态，打印纸是否充足，对异常情况应及时处理。

2. 智能二次设备正常运行要求

（1）正常运行时装置（包括保护装置、合并单元、智能操作箱，下同）严禁投入"检修状态硬压板"。

（2）正常运行时，装置或GOOSE交换机等设备严禁断开光纤或尾纤连接。

（3）正常运行时，按整定及运行要求投退保护装置的功能软压板、GOOSE软压板，用上智能终端装置的跳、合闸出口硬压板，取下装置"检修状态硬压板"。

（4）退出全套保护装置时，应先退出保护装置跳闸、失灵启动和联跳等GOOSE输出软压板，后投入检修硬压板。

（5）退出保护装置的一种保护功能时，只需退出该保护的功能软压板。如该保护功能设有独立的跳闸出口等GOOSE输出，也应退出相应的GOOSE输出软压板。

（6）在投入保护的GOOSE输出软压板前，应检查确认保护及安全自动装置未给出动作或告警信号（或报文）。

（7）修改保护定值时，必须退出保护。切换定值区的操作时，确保安全的情况下可不必停用保护。正常运行时，保护装置的"远方修改定值软压板""远方控制GOOSE软压板"正常置"远方"位置。"远方修改定值软压板""远方控制GOOSE软压板""检修状态硬压板"只能在保护装置或智能终端装置就地投退。

（8）对单支路电流构成的保护及安全自动装置，如220kV线路保护等，一次设备停运二次设备检修时，退出保护装置。

（9）由多支路电流构成的保护及安全自动装置，如变压器差动保护、母线差动保护、3/2接线的线路保护等，由于间隔一次设备停运影响电流回路及保护逻辑判断，在确认该一次设备为冷备用或检修后，应先退出保护对应该间隔智能终端的跳闸、失灵启动等GOOSE输出软压板，退出接收该间隔报文的GOOSE接收软压板，再退出保护装置中该间隔的SV接收软压板。对于3/2接线的线路单断路器检修方式，其线路保护还应投入对应该断路器的检修软压板。

（10）检修范围包含智能终端、间隔保护装置时，应退出与之相关联的运行设备（如母线保护、断路器保护等）对应的GOOSE发送/接收软压板。停用合并单元前，应先退出与该合并单元相关的所有保护装置GOOSE出口压板及对应交流回路软压板。

（11）拉合保护装置直流电源前，应先退出保护装置所有GOOSE输出软压板，并投入检修硬压板。

（12）当无法通过上述方法进行可靠隔离（如运行设备侧未设置接收软压板时）或保护和安全自动装置处于非正常工作的紧急状态时，可采取断开 GOOSE、SV 光纤的方式实现隔离，但不得影响其他保护设备的正常运行。

（13）如果双重化配置的保护装置各自组屏（柜），则在保护装置退出、消缺或试验时，宜整屏（柜）退出。如果组在一面保护屏（柜）内，保护装置退出、消缺或试验时，应做好防护措施。

（14）在保护装置或光纤回路上工作前，现场变电运维人员应审核工作人员的工作票与安全措施，并监督工作人员严格按工作票中的内容进行作业。

（15）合并单元进行更换或消缺处理后，应进行大电流通流试验或用保护测试仪进行通流试验，试验过程中相关保护功能软压板退出、装置检修压板投入。如涉及带方向的保护，还应做相关保护带负荷试验，带负荷试验前应退出相关保护功能软压板。合并单元更换或软件升级后，需进行电能表信息采样试验。

（16）电子式互感器进行更换或消缺处理后，应进行大电流通流试验，试验过程中相关保护功能软压板退出、合并单元及保护装置检修压板投入。如涉及带方向的保护，还应做相关保护带负荷试验，带负荷试验前应退出相关保护功能软压板。

3. 智能二次设备现场操作要求

（1）智能变电站继电保护的操作，通过压板、把手、按钮、装置人机界面、当地监控系统、远方监控系统等完成。

（2）用于运行操作的压板（包括硬压板和软压板）、把手、按钮、人机界面，应有明确的标识和操作提醒。

（3）所有操作应有明显的信号、信息指示。

（4）软压板，包括 GOOSE 软压板、SV 软压板、保护功能软压板等，变电运维人员操作时，一般通过远方或当地监控系统完成，操作前、操作后均应在监控画面上核对压板实际状态。

（5）除规定的保护投退、切换定值区、复归保护信号等操作外，不允许变电运维人员在远方或当地监控系统更改继电保护装置的其他参数设置。在技术条件具备时，可在保护投入状态下进行切换定值区的操作。

（6）继电保护装置退出时，应断开其出口压板（线路纵联保护还应退出对侧纵联功能），一般不应断开继电保护装置及其附属二次设备的直流电源。闭锁式纵联保护装置如需停用直流电源，应在两侧纵联保护停用后，才允许停用直流电源。当继电保护装置（系统）中的某种保护功能退出时，应进行如下操作：

1）退出该功能独立设置的出口压板。

2）无独立设置的出口压板时，退出其功能投入压板。

3）不具备单独投退该保护功能的条件时，应考虑按整个装置进行投退。

（7）操作继电保护装置间隔投入压板（或间隔检修压板）、SV 软压板时，应在对应间隔停电的情况下进行。

（8）设备停电时，应先停一次设备，后停继电保护设备。送电时，应在合隔离开关前投入继电保护设备。一次设备停电，继电保护系统无工作或工作不影响继电保护系统时，继电保护装置可不退出，但应在一次设备送电前检查继电保护状态是否正常。

（9）间隔检修时，应退出本间隔所有与运行设备二次回路联络的压板（失灵启动、间隔投入、SV 软压板等）。

四、智能设备维护原则

1. 维护原则

（1）变电站智能设备的运行维护应遵循《输变电设备状态检修试验规程》《智能变电站自动化系统现场调试导则》等相关规程。

（2）智能设备维护应综合考虑一、二次设备，加强专业协同配合，统筹安排，开展综合检修。

（3）智能设备的维护应充分发挥智能设备的技术优势，利用一次设备的智能在线监测功能及二次设备完善的自检功能，结合设备状态评估开展状态检修。

（4）智能设备的维护应体现集约化管理、专业化检修等先进理念，适时开展专业化检修。

2. 维护要求

（1）智能电子设备。

1）保护装置、合并单元、智能终端等智能电子设备检修维护时，应做好与其相关联的保护测控设备的安全措施。

2）保护装置、合并单元、智能终端等智能电子设备检修维护时，应做好光口及尾纤的安全防护，防止损伤。

3）保护装置检修维护应兼顾合并单元、智能终端、测控装置、后台监控、系统通信等相关二次系统设备的校验。

4）具备完善保护自检功能及智能监测功能的保护设备宜开展状态检修。

5）智能在线监测设备、交换机、站控层设备、智能巡检设备宜开展状态检修。

6）智能在线监测设备、交换机、站控层设备、智能巡检设备升级改造时应由厂家进行专业化检修。

7）应做好保护装置、合并单元、智能终端等智能电子设备的备品备件管理工作，确保专业化检修顺利开展。

（2）智能控制柜。

1）智能控制柜内单一设备检修维护时，应做好柜内其他运行设备的安全防护措施，防止误碰。

2）应遵循《智能变电站智能控制柜技术规范》要求进行维护，应定期检测智能控制柜内保护装置、合并单元、智能终端等智能电子设备的接地电阻。

3）应定期检测智能控制柜温、湿度调控装置运行及上传数据的正确性。

4）应定期对智能柜通风系统进行检查和清扫，确保通风顺畅。

（3）电子式互感器。

1）电子式互感器投运一年后应进行停电试验。停电试验项目及标准应符合制造厂有关规定和要求。

2）电子式互感器检修维护应同时兼顾合并单元、交换机、测控装置、系统通信等相关二次系统设备的校验。

3）电子式互感器检修维护时，应做好与其相关联保护测控设备的安全措施。

4）电子式电压互感器在进行工频耐压试验时，应防止内部电子元器件损坏。

5）纯光学电流互感器根据其设备特点不进行绕组的绝缘电阻测试。

（4）在线监测设备。

1）在线监测设备检修时，应做好安全措施，且不影响主设备正常运行。

2）在线监测设备报警值由监测设备对象的维护单位负责管理，报警值一经设定不应随意修改。

（5）监控系统。

1）监控系统检修维护时，非因检修需要，运行及维护人员不应随意退出或者停运监控软件，不得在监控后台从事与运行维护或操作无关的工作。

2）监控系统检修维护时，运行维护人员不得随意修改和删除自动化系统中的实时告警事件、历史事件、报表等设备运行的重要信息记录。

3）监控系统检修维护时应遵照《智能变电站自动化系统现场调试导则》《电力二次系统安全防护规定》的要求，监控系统维护应采用专用设备。

4）监控系统检修维护时，除系统管理员外禁止启用已停用的自动化系统所有服务器、工作站的软驱、光驱及所有未使用的 USB 接口。

5）智能变电站一体化监控系统功能、自动化系统软件需修改或升级时，应由厂家进行专业化检修，相应程序修改或升级后应提供相应测试报告，并做好程序变更记录及备份。

6）智能告警、顺序控制等高级应用功能不能满足现场运行时，应由原厂家进行专业化检修，高级应用功能修改、升级、扩容后应在现场进行调试验证。

（6）光缆设备。

1）光缆设备安装维护时，其弯曲半径应符合相关规程要求。

2）防止光缆损伤。

3）应做好光缆备用芯的检验维护。

3．维护界面

（1）根据智能设备特点属性，结合变电站智能设备维护现状，确定变电站智能设备的专业检修维护界面。电子式互感器以采集单元为维护分界点，采集单元随电子互感器归属一次专业维护，合并单元归属二次专业维护。

（2）在线监测设备以监控主机/主 IED 为维护分界点，在线监测设备的传感器、监测单元/分 IED、监控主机/主 IED、热交换器等随在线监测设备归属一次专业维护，监控主机/主 IED 接口（不包括接口）以外归属二次专业维护。

（3）变电站监控系统包括监控后台、远动设备、工作站、前置机、时钟系统、保护测控装置、合并单元、智能终端、安全自动装置等，其归属二次专业维护。

（4）智能控制柜与变电站监控系统之间，以及与其他间隔层设备之间的通信介质及连接件归属二次专业维护。

（5）继电保护和变电站监控系统之间的网络设备、连接件、通信介质，以及公用部分等归属保护/自动化专业维护。

（6）通信通道采用专用光纤的差动保护，以保护光配线架为维护分界点，分界点至站内保护设备归属保护专业维护，分界点（包括配线架）以外归属通信专业维护。通信通道采用复用光纤的纵联保护，以保护设备的数字接口装置为分界点，分界点（包括数字接口）至站内保护设备归属保护专业维护，分界点以外归属通信专业维护。

（7）远动设备连接站外通信设备，以通信柜端子排或通信接口为界，端子排至远动设备部分由自动化专业维护，端子排（包括端子排）至站外通信部分归通信专业维护。

（8）与站外连接的站内光端机、PCM、通信接口柜、配线架归属通信专业维护。专用通信电源、调度交换机、行政电话等归属通信专业维护。

（9）一体化电源系统以监测单元的输出数字接口为维护分界点。分界点至站控层之间的通信介质归属二次专业维护，数字接口（含数字接口）至一体化电源系统归属直流电源专业维护。一体化电源的交直流分电屏以端子排为维护分界点，分界点（含端子排）归属直流电源专业维护，端子排以外归属二次专业维护。一体化电源内通信电源模块归属直流电源专业维护。

（10）电能表、关口表、集抄设备等归属计量专业维护。计量屏内通过光缆终端盒连接的，以光缆终端盒作为维护分界点，分界点至表计归属计量专业维护，光缆终端盒及以外归属保护/自动化专业维护。计量屏内通过光缆直连的，以光缆接口处为维护分界点，分界点至表计归属计量专业维护，光缆接口及以外归属保护/自动化专业维护。电能表电源部分以空气断路器为维护分界点，分界点至表计部分归属计量专业维护，空气断路器及以外归属保护/自动化专业维护。

（11）光伏发电系统归属直流电源专业维护。

（12）辅助系统中图像监控系统、火灾报警系统、门禁系统、环境监测设备可根据各单位实际情况归属自动化或运行专业维护。空调、照明等变电站辅助设备归属运行专业维护。

第三节　智能设备检修验收的安全要点

智能变电站检修周期按状态检修要求执行，基准周期为 4 年，宽限期半年。智能变电站投产 1 年后应进行 C 级检修。

一、智能设备检修的安全措施实施原则

（1）装置校验、消缺等现场检修作业时，应隔离采样、跳闸（包括远跳）、合闸、启动失灵等与运行设备相关的联系，并保证安全措施不影响运行设备的正常运行。

（2）单套配置的装置校验、消缺等现场检修作业时，需停役相关一次设备。双重化配置的二次设备仅单套设备校验、消缺时，可不停役一次设备，但应防止一次设备无保护运行。

（3）断开装置间光纤的安全措施存在装置光纤接口使用寿命缩减、试验功能不完整等问题，对于可通过退出发送侧和接收侧两侧软压板以隔离虚回路连接关系的光纤回路，检修作业不宜采用断开光纤的安全措施。

（4）对于确无法通过退检修装置发送软压板且相关运行装置未设置接收软压板来实现安全隔离的光纤回路，可采取断开光纤的安全措施方案，但不得影响其他装置的正常运行。

（5）断开光纤回路前，应确认其余安全措施已做好，且对应光纤已做好标识，退出的光纤应用相应保护罩套好。

（6）智能变电站虚回路安全隔离应至少采取双重安全措施，如退出相关运行装置中对应的接收软压板、退出检修装置对应的发送软压板，投入检修装置检修压板。

1）智能变电站继电保护 GOOSE 二次回路安全措施实施原则：

① 投入待检修设备检修压板，并退出待检修设备相关 GOOSE 出口软压板。

② 退出与待检修设备相关联的运行设备的 GOOSE 接收软压板。

③ 通过待检修设备装置信息、与待检修设备相关联的运行设备装置信息、后台信息三信息源进行比对，以确认安全措施执行到位。

2）智能变电站继电保护 SV 回路安全措施实施原则：

① 停用一次设备时，退出相关运行保护装置的 SV 接收软压板。

② 不停用一次设备时，退出相关运行保护装置功能。

（7）智能终端出口硬压板、装置间的光纤可实现具备明显断点的二次回路安全措施。

（8）对重要的保护装置，特别是复杂保护装置或有联跳回路（以及存在跨间隔 SV、GOOSE 联系的虚回路）的保护装置，如母线保护、失灵保护、主变压器保护、安全自动装置等装置的检修作业，应编制经技术负责人审批的继电保护安全措施票。

二、智能二次设备安全措施隔离技术

（1）继电保护和安全自动装置的安全隔离措施一般可采用投入检修压板，退出装置软压板、出口硬压板以及断开装置间的连接光纤等方式，实现检修装置（新投运装置）与运行装置的安全隔离，具体说明如下。

1）检修压板：继电保护、安全自动装置、合并单元及智能终端均设有一块检修硬压板。装置将接收到 GOOSE 报文 TEST 位、SV 报文数据品质 TEST 位与装置自身检修压板状态进行比较，做"异或"逻辑运算，两者一致时，信号进行处理或动作，两者不一致时则报文视为无效，不参与逻辑运算。

2）软压板：软压板分为发送软压板和接收软压板，用于从逻辑上隔离信号输出、输入。装置输出信号由保护输出信号和发送压板数据对象共同决定，装置输入信号由保护接收信号和接收压板数据对象共同决定，通过改变软压板数据对象的状态便可以实现某一路信号的逻辑通断。

① GOOSE 发送软压板：负责控制本装置向其他智能装置发送 GOOSE 信号。软压板退出时，不向其他装置发送相应的保护指令。

② GOOSE 接收软压板：负责控制本装置接收来自其他智能装置的 GOOSE 信号。软压板退出时，本装置对其他装置发送来的相应 GOOSE 信号不作逻辑处理。

③ SV 软压板：负责控制本装置接收来自合并单元的采样值信息。软压板退出时，相应采样值不显示，且不参与保护逻辑运算。

3）智能终端出口硬压板：安装于智能终端与断路器之间的电气回路中，可作为明显断开点，实现相应二次回路的通断。出口硬压板退出时，保护装置无法通过智能终端实现对断路器的跳、合闸。

4）光纤：继电保护、安全自动装置和合并单元、智能终端之间的虚拟二次回路连接均通过光纤实现。断开装置间的光纤能够保证检修装置（新投运装置）与运行装置的可靠隔离。

（2）"三信息"安全措施核对技术（通过待检修设备装置信息与待检修设备相关联的运行设备装置信息、后台信息三信息源进行比对，以确认安全措施执行到位）：在"检修装置""相关联运行装置""后台监控系统"三处核对装置的检修压板、软压板等相关信息，以确认安全措施执行到位。

（3）"一键式"安全措施执行技术：为提升安全措施的可靠性和完备性，智能变电站宜具备"一键式"安全措施执行功能，即在保护投退方式调整、装置缺陷处理安全隔离等情况下，可依据预先设定的安全措施票，"一键式"退出该装置发送软压板、相关运行装置的接收软压板等，实现软压板的"一键式"操作。

（4）安全措施可视化技术：将保护装置、二次回路及软压板等信息智能分析后以图形化显示装置检修状态和二次虚回路等的连接状态，为变电运维人员提供更为直观的状态确认手段。二次虚回路包含但不仅限于软压板状态、交流回路、跳闸回路、合闸回路、启动失灵回路等。

三、智能设备检修时安全措施的注意事项

（1）严禁在网络交换机中接入其他设备，以防引起网络瘫痪，引起保护拒动。

（2）若必须在运行的网络上加模拟故障量测试，为保证安全，加故障量时应将保护装置检修硬压板投入，模拟的故障量置"Test"位，防止误跳运行设备。

（3）部分数字保护测试装置开机时有瞬间冲击信号送出，测试时应开启保护测试装置电源，再进行网线（尾纤）连接。

（4）必须正确配置并核对被测试设备系统参数（包括 MAC 地址、SVID），防止误跳相邻运行设备。

（5）模拟某一合并单元数据时应在网络上将相同 MAC 地址的合并单元退出，防止因 MAC 地址冲突引起网络故障。

（6）设备检修时检修硬压板须投入，严禁投入检修设备出口软压板。

（7）检修设备对应的发送端跳闸软压板须退出。

（8）保护测控一体装置改定值、软件升级或改插件时，应同时考虑保护及测控部分的定值要求。

（9）检修过程中如需对光纤进行插拔，应注意以下几个方面:

1）操作前核实光纤标识是否规范、明确，且与现场运行情况一致。

2）取下的光纤应做好记录，恢复时应在专人监护下逐一进行，并仔细核对。

3）严禁将光纤端对着自己和他人的眼睛。

4）插拔光纤过程中应小心、仔细，避险光纤白色陶瓷插针触及硬物，从而造成光头污染或光纤损伤。

5）光纤拔出后应及时套上光纤帽，裸露的光口也需用防尘帽进行隔离。

6）恢复原始状态后，检查光纤是否有明显折痕、弯曲度是否符合要求。

7）恢复以后，查看二次回路通信图，检查通信恢复情况。

为保证插拔光纤后可靠恢复至原始状态，光纤识别遵循以下规则:

1）尾纤标识应注明起点和终点。

2）不同屏柜的尾纤应由光缆吊牌进行区分。

3）在同一屏内的尾纤应从标识上区分不同装置。

4）同一装置的尾纤应区分不同插件。

5）同一插件的尾纤应区分不同接口。

6）为方便检修及变电运维人员日常维护，标志上可选择简要标明尾纤功能。

（10）智能变电站扩建间隔保护软压板遥控试验时，为防止监控后台配置错误而造成误遥控运行间隔一次设备或二次装置。试验时，应将全站运行间隔的测控装置置就地状态。保护装置取下"远方操作"硬压板，以防止遥控试验时误遥控软压板或误修改定值。

四、220kV 线路保护安全措施实例

1. 220kV 线路保护典型配置

以 220kV 线路间隔第一套线路保护为例，其典型配置以及与其他保护装置的网络联系如图 3-1 所示。

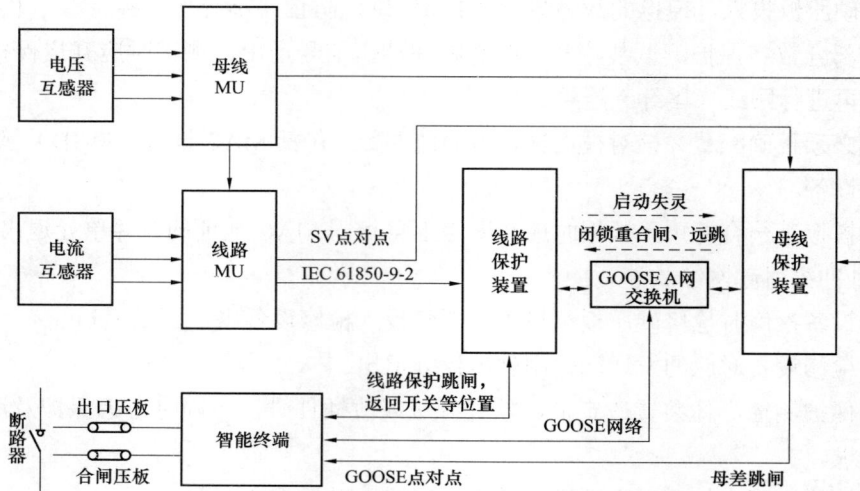

图 3-1　220kV 线路保护典型配置与网络联系示意图

2. 现有技术条件下安全措施实施细则

（1）一次设备停电情况下，220kV 线路保护单间隔校验。

1）采用电子式互感器：

① 退出母差保护相应支路 GOOSE 启动失灵接收软压板。

② 放上线路保护及其智能终端检修压板。

2）采用传统互感器：

不带合并单元做试验：同 1）。

带合并单元做试验：

① 退出母差保护相应 SV 支路接收压板。

② 退出母差保护相应支路 GOOSE 启动失灵接收软压板。

③ 放上对应合并单元、线路保护及智能终端检修压板。

④ 在合并单元端子排将电流互感器和电压互感器二次回路打开。

3）220kV 线路间隔停电检修时失灵传动（母差陪停）：

① 放上对应母差保护检修压板。

② 放上对应合并单元、线路保护、智能终端检修压板。

③ 退出对应母差保护其他间隔 SV 接收压板。

④ 退出母差保护至运行间隔 GOOSE 出口软压板。

（2）一次设备不停电情况下，220kV 线路保护校验（第一套保护、第一套智能终端、

第一套合并单元退出，第一套母差保护陪停）。

1）取下智能终端跳、合闸出口硬压板。

2）放上对应母差保护检修硬压板。

3）放上对应合并单元、线路保护、智能终端检修硬压板。

4）退出对应母差保护其他间隔 SV 接收压板。

5）退出母差保护至运行间隔智能终端出口软压板及至主变压器保护间隔失灵联跳出口软压板。

6）取下保护装置背板纵联光纤。

3. 一次设备停电情况下，220kV 线路间隔设备缺陷处理恢复安措

（1）合并单元异常。

1）对应母差保护相关支路的 SV 接收软压板退出。

2）放上合并单元检修压板。

（2）线路保护装置异常。

1）放上线路保护装置检修硬压板。

2）退出线路保护装置出口软压板。

（3）智能终端异常。

放上智能终端检修硬压板。

4. 一次设备不停电情况下，220kV 线路间隔设备缺陷处理恢复安措

（1）合并单元异常。

1）对应线路保护改信号。

2）对应母差保护改信号。

3）放上合并单元检修压板。

（2）线路保护装置异常。

1）放上线路保护装置检修压板。

2）退出线路保护装置出口软压板。

（3）智能终端异常。

1）取下智能终端的跳、合闸出口硬压板。

2）放上智能终端检修压板。

3）如有需要，解开至另一套智能终端的闭锁重合闸硬接线。

五、智能变电站的网络信息安全

电力二次系统安全防护工作应当坚持安全分区、网络专用、横向隔离、纵向认证的原则，保障电力监控系统和电力调度数据网络的安全。为了确保电力监控系统及电力调度数据网络的安全，抵御黑客、病毒、恶意代码等各种形式的恶意破坏和攻击，特别是抵御集团式攻击，防止电力二次系统的崩溃或瘫痪，以及由此造成的电力系统事故或大面积停电事故。安全防护主要针对网络系统和基于网络的电力生产控制系统，重点强化

边界防护，提高内部安全防护能力，保证电力生产控制系统及重要数据的安全。

智能变电站的核心是网络通信技术，所以网络信息安全智能变电站的二次安全防护必须严格遵照《电力二次系统安全防护总体方案》和《变电站二次系统安全防护方案》的要求，进行安全分区，通信边界安全防护，确保控制功能安全。

六、智能设备检修后的验收安全注意事项

智能变电站的设备分为过程层、间隔层、站控层三层，网络分为过程层网络、间隔层网络、站控层网络，因此，智能设备的验收应根据这个实际制定相应的验收项目和要求。

智能变电站内的智能设备的验收应注意以下几点：

（1）装有智能设备的户外屏柜的热交换器运行正常，保证智能设备的运行环境符合要求。

（2）智能变电站继电保护工作结束验收时，应检查保护装置、合并单元及智能终端有无故障或告警信号，保护定值正确，GOOSE 链路正常，分相电流差动通道正常，差动保护差流在规定值范围内。检查保护软压板状态是否为许可前状态，并取下保护装置检修压板，检查监控后台有无相应告警光字信息和报文。

（3）智能变电站继电保护及安全自动装置的屏眉命名应清晰、规范且无损坏，检修压板、远方操作压板应采用黄色底板，标识应清晰、准确，并设置在压板下方或其本体上，屏后空气断路器及压板的标识应有双重名称（即名称和编号）。

（4）各设备的光纤回路和网线标牌应清晰、齐全。

（5）保护屏（柜）内不应设置交流照明和加热回路。

（6）检查试验设备、仪表及一切试验连接线已拆除，备用尾纤及光端接口具有防尘措施。

（7）检查所有装置及辅助设备的插件是否扣紧，所有光纤、网线、二次线缆及压板等应连接良好。检查保护装置的通信链路与二次回路应无异常告警信号。

（8）核对检修、远方操作硬压板与各软压板位置是否与许可时状态一致。

（9）现场变电运维人员应按保护装置实际打印出的定值与继电保护定值通知单进行逐项核对，确认无误后与调控人员核对该装置的定值通知单号，并保证一致。

（10）定值修改工作结束后，要求继电保护人员交待有关事项，填写继电保护记录簿并签字。现场变电运维人员应掌握执行的定值通知号、内容、定值区号及注意事项并签字。

第四节　智能设备异常及事故处理的安全要点

一、智能变电站继电保护异常处理原则

（1）保护装置异常时，放上装置检修压板，重启装置一次。

（2）智能终端异常时，放上装置检修压板，取下出口硬压板，重启装置一次。

（3）间隔合并单元异常时，放上装置检修压板，将相关保护改信号，重启装置一次。

（4）以上装置重启后若异常消失，将装置恢复到正常运行状态，若异常没有消失，保持该装置重启时状态。

（5）GOOSE 交换机异常时，重启一次。重启后异常消失则恢复正常继续运行。如异常没有消失，退出相关受影响保护装置。

（6）双重化配置的二次设备仅单套装置发生故障时，原则上不考虑陪停一次设备，但应加强运行监视。

（7）主变压器非电量智能终端装置发生 GOOSE 断链时，非电量保护可继续运行，但应加强运行监视。

（8）收集异常装置、与异常装置相关装置、网络分析仪、监控后台等信息，进行辅助分析，初步确定异常点。

（9）如确认装置异常，取下异常装置背板光纤，进行检查处理。

（10）异常处理后需进行补充试验，确认装置正常，配置及定值正确。

（11）确认装置"恢复安措"（恢复前的补充安措）状态正确，接入光缆。检查装置无异常、相关通讯链路恢复后装置投入运行。

二、智能变电站缺陷处理过程中的注意事项

（1）"检修压板"根据检修工作和试验需要投退，应注意与运行状态装置的有效隔离，并注意恢复。

（2）电子互感器的激光供能电源一般不能空载，不能用眼观察激光孔和激光光缆。

（3）光纤、光接头等光器件在未连接时应用相应的保护罩套好，以保证脏物不进入光器件或污染光纤端面。

（4）在没有做好安全措施的情况下，不应拔插光纤插头。

（5）保护装置的光纤拔插，可能会造成光纤参数变化报警。此时，不应随意通过本地命令中的光纤参数变化确认来复归此报警信号。检修人员应确认拔插的光纤是否为同一光纤。

（6）保护缺陷处理后需做传动时，可退出智能终端的出口压板，通过测量智能终端的压板来验证回路的正确性。

（7）合并单元、过程层网络交换机一般不单独投退。必要时，根据影响程度确定相应继电保护投退。

三、举例说明

以国家电网公司典型设计的 220kV 线路为例，对异常及事故处理进行说明。

1. ××××线智能设备

（1）SV、GOOSE 信息流如图 3-2 所示。

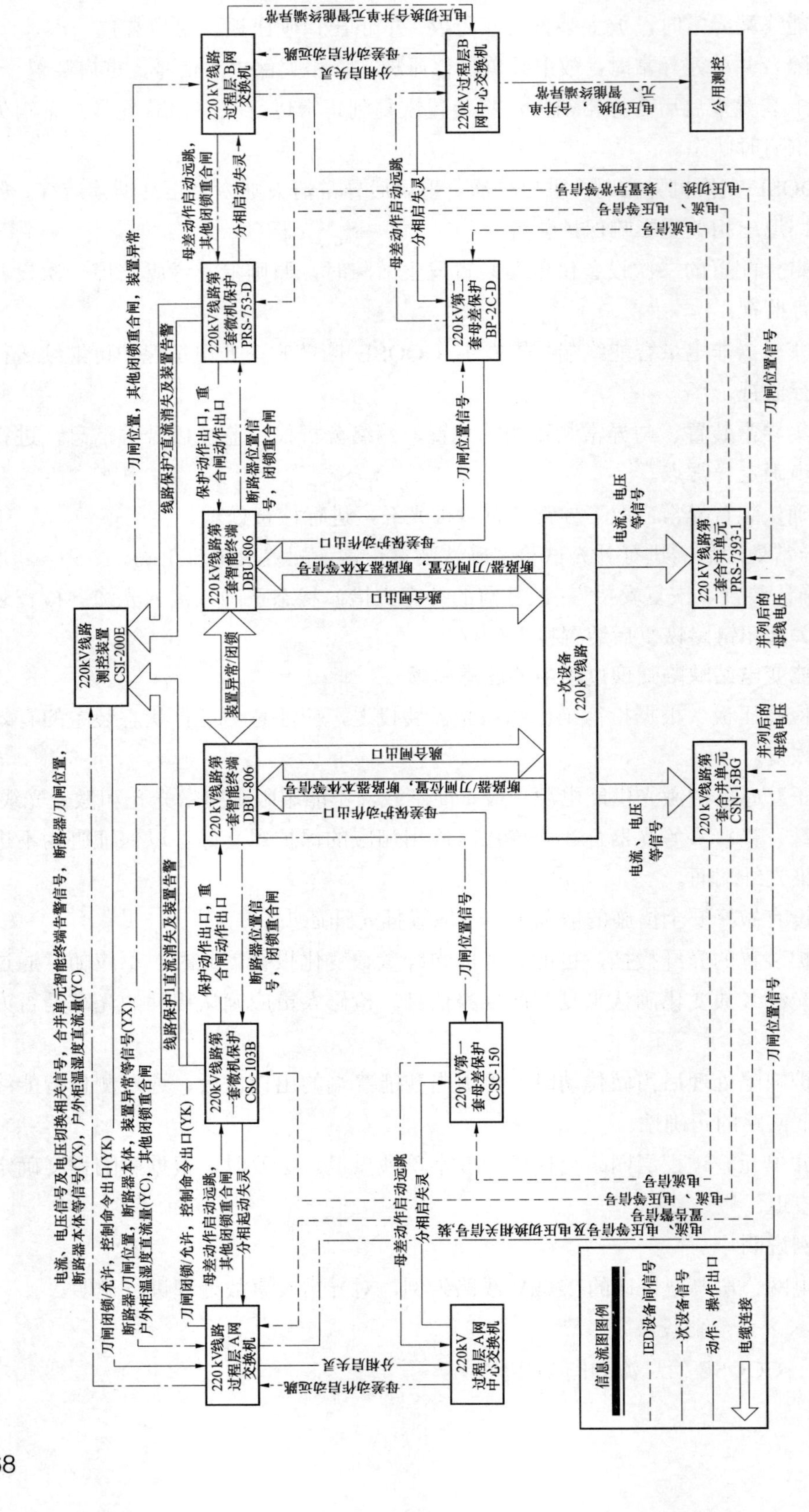

图 3-2 ××××线路间隔信息总流图

（2）应急处理卡。

1）××××线第一套合并单元故障见表 3–1。

表 3–1　　　　　　　　　　　××××线第一套合并单元故障

应急事件		××××线第一套合并单元故障
装置重启	1	汇报省调，取得调控中心同意后
	2	放上××××线第一套合并单元检修状态投入压板
	3	拉开××××线第一套合并单元直流电源开关
	4	合上××××线第一套合并单元直流电源开关
	5	检查××××线第一套合并单元各指示灯正常
	6	检查××××线第一套微机保护、××××线测控装置、××××线电能表及 220kV 第一套母差保护数据显示正常，并无断链信号
	7	若重启不成，则取消第 8～9 步操作，并根据调控中心指令按"装置故障隔离"处置步骤将相关保护退出
	8	取下××××线第一套合并单元检修状态投入压板
	9	检查××××线第一套合并单元、第一套微机保护、××××线测控装置、××××线电能表及 220kV 第一套母差保护无异常及告警信号（包括后台信息）
	10	将重启结果汇报省调、监控
装置故障隔离	1	××××线第一套纵联保护由跳闸改为信号（对侧配合）
	2	××××线第一套微机保护由跳闸改为信号
	3	220kV 第一套母差保护由跳闸改为信号
注意事项		

2）××××线第一套智能终端故障见表 3–2。

表 3–2　　　　　　　　　　　××××线第一套智能终端故障

应急事件		××××线第一套智能终端故障
装置重启	1	汇报省调，取得调控中心同意后
	2	放上××××线第一套智能终端检修状态投入压板
	3	取下××××线第一套智能终端保护 A 相跳闸压板
	4	取下××××线第一套智能终端保护 B 相跳闸压板
	5	取下××××线第一套智能终端保护 C 相跳闸压板
	6	取下××××线第一套智能终端重合闸出口压板
	7	取下××××线第一套智能终端闭锁第二套微机保护重合闸投入压板
	8	取下××××线第一套智能终端开关遥控分合闸压板
	9	拉开××××线第一套智能终端直流电源开关
	10	合上××××线第一套智能终端直流电源开关
	11	检查××××线第一套智能终端各指示灯正常

应急事件		××××线第一套智能终端故障
装置重启	12	检查××××线第一套微机保护、第一套合并单元、××××线测控装置及 220kV 第一套母差保护无断链信号
	13	若重启不成，则取消第 14~21 步操作，并根据调控中心指令按"装置故障隔离"处置步骤将相关保护退出
	14	取下××××线第一套智能终端检修状态投入压板
	15	检查××××线第一套微机保护、第一套智能终端、第一套合并单元、××××线测控装置及 220kV 第一套母差保护无异常及告警信号（包括后台信息）
	16	放上××××线第一套智能终端重合闸出口压板
	17	放上××××线第一套智能终端闭锁第二套微机保护重合闸投入压板
	18	测量××××线第一套智能终端保护 A 相跳闸压板两端确无电压，并放上
	19	测量××××线第一套智能终端保护 B 相跳闸压板两端确无电压，并放上
	20	测量××××线第一套智能终端保护 C 相跳闸压板两端确无电压，并放上
	21	测量××××线第一套智能终端开关遥控分合闸压板两端确无电压，并放上
	22	将重启结果汇报省调、监控
装置故障隔离	1	××××线重合闸由跳闸改为信号
	2	××××线第一套纵联保护由跳闸改为信号（对侧配合）
	3	××××线第一套微机保护由跳闸改为信号
	4	220kV 第一套母差保护由跳闸改为信号
注意事项		

3）××××线第一套微机保护故障见表 3-3。

表 3-3 　　　　　　　××××线第一套微机保护故障

应急事件		××××线第一套微机保护故障
装置重启	1	汇报省调，取得调控中心同意后
	2	根据调控中心指令：××××线第一套纵联保护由跳闸改为信号（对侧配合）
	3	根据调控中心指令：××××线第一套微机保护由跳闸改为信号
	4	放上××××线第一套微机保护检修状态投入压板
	5	拉开××××线第一套微机保护直流电源开关
	6	间隔 1min 后，合上××××线第一套微机保护直流电源开关
	7	检查××××线第一套微机保护液晶显示及各指示灯正常
	8	检查××××线第一套智能终端、第一套合并单元及 220kV 第一套母差保护无断链信号
	9	若重启不成，则取消第 10~11、13~14 步操作
	10	取下××××线第一套微机保护检修状态投入压板
	11	检查××××线第一套微机保护、第一套智能终端、第一套合并单元及 220kV 第一套母差保护无异常及告警信号（包括后台信息）
	12	将重启结果汇报省调、监控
	13	根据调控中心指令：××××线第一套微机保护由信号改为信号跳闸
	14	根据调控中心指令：××××线第一套纵联保护由信号改为跳闸（对侧配合）
装置故障隔离		
注意事项		

4）××××线过程层 A 网交换机故障见表 3–4。

表 3–4　　　　　　　　　　××××线过程层 A 网交换机故障

应急事件		××××线过程层 A 网交换机故障
装置 重启	1	汇报省调，取得调控中心同意后
	2	拉开××××线过程层 A 网交换机直流电源 1 开关
	3	拉开××××线过程层 A 网交换机直流电源 2 开关
	4	合上××××线过程层 A 网交换机直流电源 1 开关
	5	合上××××线过程层 A 网交换机直流电源 2 开关
	6	检查××××线第一套智能终端、第一套合并单元、第一套微机保护、测控装置、××××线电能表及 220kV 第一套母差保护无异常及告警信号（包括后台信息）
	7	将重启结果汇报省调、监控
	8	若重启不成，则根据调控中心指令按"装置故障隔离"处置步骤将相关保护退出
装置故 障隔离		220kV 第一套母差保护由跳闸改为信号
注意 事项		

5）××××线第二套合并单元故障见表 3–5。

表 3–5　　　　　　　　　　××××线第二套合并单元故障

应急事件		××××线第二套合并单元故障
装置 重启	1	汇报省调，取得调控中心同意后
	2	放上××××线第二套合并单元检修状态投入压板
	3	拉开××××线第二套合并单元直流电源开关
	4	合上××××线第二套合并单元直流电源开关
	5	检查××××线第二套合并单元各指示灯正常
	6	检查××××线第二套微机保护及 220kV 第二套母差保护数据显示正常，并无断链信号
	7	若重启不成，则取消第 8～9 步操作，并根据调控中心指令按"装置故障隔离"处置步骤将相关保护退出
	8	取下××××线第二套合并单元检修状态投入压板
	9	检查××××线第二套合并单元、第二套微机保护及 220kV 第二套母差保护无异常及告警信号（包括后台信息）
	10	将重启结果汇报省调、监控
装置 故障 隔离	1	××××线第二套纵联保护由跳闸改为信号（对侧配合）
	2	××××线第二套微机保护由跳闸改为信号
	3	220kV 第二套母差保护由跳闸改为信号
注意 事项		

6）××××线第二套智能终端故障见表 3-6。

表 3-6   ××××线第二套智能终端故障

应急事件		××××线第二套智能终端故障
装置重启	1	汇报省调，取得调控中心同意后
	2	放上××××线第二套智能终端检修状态投入压板
	3	取下××××线第二套智能终端保护 A 相跳闸压板
	4	取下××××线第二套智能终端保护 B 相跳闸压板
	5	取下××××线第二套智能终端保护 C 相跳闸压板
	6	取下××××线第二套智能终端重合闸出口压板
	7	取下××××线第二套智能终端闭锁第一套微机保护重合闸投入压板
	8	拉开××××线第二套智能终端直流电源开关
	9	合上××××线第二套智能终端直流电源开关
	10	检查××××线第二套智能终端各指示灯正常
	11	检查××××线第二套微机保护、第二套合并单元及 220kV 第二套母差保护无断链信号
	12	若重启不成，则取消第 13～19 步操作，并根据调控中心指令按"装置故障隔离"处置步骤将相关保护退出
	13	取下××××线第二套智能终端检修状态投入压板
	14	检查××××线第二套微机保护、第二套智能终端、第二套合并单元及 220kV 第二套母差保护无异常及告警信号（包括后台信息）
	15	放上××××线第二套智能终端重合闸出口压板
	16	放上××××线第二套智能终端闭锁第一套微机保护重合闸投入压板
	17	测量××××线第二套智能终端保护 A 相跳闸压板两端确无电压，并放上
	18	测量××××线第二套智能终端保护 B 相跳闸压板两端确无电压，并放上
	19	测量××××线第二套智能终端保护 C 相跳闸压板两端确无电压，并放上
	20	将重启结果汇报省调、监控
装置故障隔离	1	××××线第二套纵联保护由跳闸改为信号（对侧配合）
	2	××××线第二套微机保护由跳闸改为信号
	3	220kV 第二套母差保护由跳闸改为信号
注意事项		

7）××××线第二套微机保护故障见表 3–7。

表 3–7 ××××线第二套微机保护故障

应急事件		××××线第二套微机保护故障
装置重启	1	汇报省调，取得调控中心同意后
	2	根据调控中心指令：××××线第二套纵联保护由跳闸改为信号（对侧配合）
	3	根据调控中心指令：××××线第二套微机保护由跳闸改为信号
	4	放上××××线第二套微机保护检修状态投入压板
	5	拉开××××线第二套微机保护直流电源开关
	6	间隔 1 分钟后，合上××××线第二套微机保护直流电源开关
	7	检查××××线第二套微机保护液晶显示及各指示灯正常
	8	检查××××线第二套智能终端、第二套合并单元及 220kV 第二套母差保护无断链信号
	9	若重启不成，则取消第 10～11、13～14 步操作
	10	取下××××线第二套微机保护检修状态投入压板
	11	检查××××线第二套微机保护、第二套智能终端、第二套合并单元及 220kV 第二套母差保护无异常及告警信号（包括后台信息）
	12	将重启结果汇报省调、监控
	13	根据调控中心指令：××××线第二套微机保护由信号改为跳闸
	14	根据调控中心指令：××××线第二套纵联保护由信号改为跳闸（对侧配合）
装置故障隔离		
注意事项		

8）××××线过程层 B 网交换机故障见表 3–8。

表 3–8 ××××线过程层 B 网交换机故障

应急事件		××××线过程层 B 网交换机故障
装置重启	1	汇报省调，取得调控中心同意后
	2	拉开××××线过程层 B 网交换机直流电源 2 开关
	3	拉开××××线过程层 B 网交换机直流电源 1 开关
	4	合上××××线过程层 B 网交换机直流电源 2 开关
	5	合上××××线过程层 B 网交换机直流电源 1 开关
	6	检查××××线第二套智能终端、第二套合并单元、第二套微机保护及 220kV 第二套母差保护无异常及告警信号（包括后台信息）
	7	将重启结果汇报省调、监控
	8	若重启不成，则根据调控中心指令按"装置故障隔离"处置步骤将相关保护退出
装置故障隔离		220kV 第二套母差保护由跳闸改为信号
注意事项		

9）××××线测控装置故障见表3–9。

表3–9 ××××线测控装置故障

应急事件		××××线测控装置故障
装置重启	1	汇报省调，取得调控中心同意后
	2	放上××××线测控装置检修状态投入压板1～21KLP
	3	拉开××××线测控装置直流电源开关1～21DK
	4	合上××××线测控装置直流电源开关1～21DK
	5	检查××××线测控装置液晶显示及各指示灯正常
	6	检查××××线第一套合并单元、第一套智能终端均无断链信号
	7	若重启不成，则取消第8～9步操作
	8	取下××××线测控装置检修状态投入压板1～21KLP
	9	检查××××线第一套合并单元、第一套智能终端无异常及告警信号（包括后台信息）
	10	将重启结果汇报省调、监控
装置故障隔离		
注意事项		

第四章

变电站人身安全管控

变电站是高危环境的场所，电气设备的任何故障将可能造成人身伤害。变电站是高危作业的场所，作业人员的不正确操作将可能导致对人身的触电伤害。变电站是管理严密的场所，任何安全措施布置错误将可能导致对人身的触电伤害。变电站平时是人员极少的场所，变电运维人员的巡视维护工作中出现人身伤害时救护工作难以开展，加重了人身伤害的程度。变电站处于社会公众瞩目的场所，不法分子可能在变电站实施破坏行为导致对人身的伤害。变电站是设备投资高度集合的场所，不法分子偷窃设备时将可能造成对变电运维人员的人身伤害。变电站一般是处于生产环境较恶劣的场所，在自然灾害（包括台风、火灾、水灾、水淹、地震、蛇害、泥石流）等特殊状态下，变电运维人员处置不当将可能造成对人身的更大伤害。在防人身伤害工作中要坚持"防、避、救"的原则，即在事前要做好防范工作，在事中要做好避险工作，在事后要做好自救工作。

第一节　变电站日常工作防人身伤害安全

一、人员准备

（1）日常巡视工作前要重温《安规》关于设备巡视工作的规定，了解本次巡视前环境因素变化，如有否进行基建或技改工作、有否敷设二次电缆、天气情况如何、是否出现高压设备的重大缺陷，等等。

（2）进行高压设备巡视前先检查后台机光字牌信息，有否出现设备异常、有否出现SF_6气体异常、小电流系统是否接地等，再检查烟感报警装置有否报警。及时做好思想准备，必要时进行危险点分析与预控。

（3）在进行日常维护前，明确本次设备维护的工作内容、目的、要求，掌握在设备维护工作中可能出现对人身伤害的因素，如低压触电、高空坠落、误入带电间隔等，应做好充分的思想准备，必要时进行危险点分析与预控。

（4）在进行倒闸操作前，明确本次操作内容、目的、要求，掌握在操作中可能出现对人身伤害的因素，如高压触电、设备损坏、跑错间隔等，应做好充分的思想准备，进行危险点分析与预控。

（5）在进行工作票办理前，理解本次办理的内容与要求，掌握所做的技术措施和安全措施内容，向工作负责人交待清楚工作地点四周带电情况及安全注意事项等。设备验收登高时，应有人扶持梯子等。

二、器具准备

1. 设备巡视工作

（1）绝缘靴：雷雨天气巡视室外高压设备、接地电阻不合格的变电站。

（2）通信设备（手机、步话机等）：火灾、台风、冰雪、洪水、泥石流等灾害对设备进行巡视时，巡视人员应与运维班保持通信联系。

（3）钥匙：高压室、电缆层、蓄电池室、保护室等室门。

（4）安全帽：进入高压设备场所、电缆层（井、沟）。

（5）应急灯：夜间巡视时或进入电缆井等密闭场所。

2. 变电设备维护工作

（1）线手套：直流熔丝检查、更换，低压照明修理，电容式电压互感器二次电压测试等。

（2）护目镜：装卸高压熔断器、低压带电作业、更换低压熔丝。

（3）全棉长袖工作服：低压带电作业、电容式电压互感器二次电压测试、蓄电池维护、主变压器冷却系统试验、二次设备清扫等工作。

（4）绝缘鞋：主变压器冷却系统切换试验、备用冷却器试验、电容式电压互感器二次电压测试、蓄电池维护时。

（5）安全帽：进入高压设备场所、电缆层（井、沟）时。

（6）耐酸手套：GGF 型蓄电池维护时。

（7）撬棒：防小动物检查时。

（8）万用表：电容式电压互感器二次电压测试时。

（9）应急灯：夜间红外测温时或进入电缆井等密闭场所。

（10）绝缘工具：保护屏、测控屏等二次设备清扫。

（11）钳形电流表：测量电流时。

（12）鼠药（诱饵）：进行鼠药（诱饵）更换。

3. 辅助设备维护工作

（1）线手套：照明回路修理或更换灯泡时。

（2）护目镜：照明回路修理或更换灯泡时。

（3）全棉长袖工作服：照明回路修理或更换灯泡。

（4）绝缘鞋：照明回路修理或更换灯泡。

（5）验电笔：照明回路修理。

（6）安全帽：进入高压设备场所、电缆层（井、沟）、登高修理照明回路。

（7）人字梯：登高修理照明回路。

（8）照明器材：修理照明回路。

4. 倒闸操作工作

（1）全棉长袖工作服：所有倒闸操作工作。

（2）绝缘靴：雨天操作室外高压设备时、变电站接地网电阻不符合要求进行操作时、装卸高压熔断器时、在带电的电流互感器二次回路上操作时。

（3）绝缘手套：高压验电、用绝缘棒拉合隔离开关、高压熔断器或经传动机构拉合断路器和隔离开关，装卸高压熔断器、装（或拆）接地线。

（4）护目镜：熔丝操作时。

（5）安全帽：进入高压设备场所。

（6）验电笔：高压设备验电时。

（7）接地线：操作需要时。

（8）钥匙：各高压室室门。

（9）万用表：需要二次电压测试操作时。

（10）绝缘梯：需登高装（或拆）接地线。

（11）操作用具：按隔离开关、柜门、防误等相对应。

（12）录音笔：操作过程全程录音。

5. 工作票办理工作

（1）全棉长袖工作服：所有工作票办理。

（2）安全帽：进入高压设备场所。

（3）标示牌、围栏等：按工作票要求的数量。

（4）绝缘梯：需登高验收设备时。

（5）录音笔：许可过程全程录音。

三、防范措施

1. 设备巡视工作

（1）巡视高压设备时，不准进行其他工作，不准移开或越过遮栏进行巡视设备。

（2）雷雨天气，需要巡视室外高压设备时，应穿绝缘靴，并不准靠近避雷器和避雷针。防止雷雨天气靠近避雷器和避雷针，造成人员触电伤亡。

（3）地震、台风、洪水、泥石流等灾害发生时，禁止巡视灾害现场。灾害发生后，如需要对设备进行巡视时，应制定必要的安全措施，得到设备运维管理单位批准，并至少两人一组，巡视人员应与派出部门之间保持通信联络。

（4）高压设备发生接地时，室内不准接近故障点 4m 以内，室外不准接近故障点 8m 以内。进入上述范围人员应穿绝缘靴，接触设备的外壳和构架时，应戴绝缘手套。严禁高压设备发生接地时，安全距离保持不足，造成人员伤害。

（5）巡视室内设备，应随手关门。防止小动物进入而造成事故。

（6）巡视检查时应与带电设备保持足够的安全距离，10kV 为 0.7m，20、35kV 为 1m，

66、110kV 为 1.5m，220kV 为 3m，500kV 为 5m。

（7）夜间巡视，应及时开启设备区照明，并带照明工具。

（8）进入高压设备区，必须戴安全帽。

（9）发现设备缺陷及异常时，及时汇报，采取相应措施，不得擅自处理，严禁发现缺陷及异常未及时汇报，并单人处理。

（10）巡视时保持与线路耦合式电容器结合滤波器的接地开关足够的安全距离，防止误碰，因该接地开关的悬浮电压触电，误碰线路耦合式电容器结合滤波器的接地开关将会造成伤害。

（11）巡视设备禁止变更作业现场安全措施，禁止改变检修设备状态，严禁擅自打开设备网门、擅自移动临时安全围栏、擅自跨越设备固定围栏。

（12）严禁不符合巡视要求的人员巡视，如人员身体状况不适、思想波动，应停止其工作。

（13）临时检修工作应设固定杂物堆放处，并使用"相关方"标示牌，检修工作翻开的电缆盖板四周应设遮栏。防止巡视人员被检修临时堆放物绊倒，或踩空跌入打开的电缆沟道内。

（14）登高检查设备，应戴线手套，防止登上断路器机构平台检查设备时，设备外壳感应电造成人员失去平衡，造成人员碰伤、摔伤。

（15）检查设备气泵、油泵等部件时，应时刻警惕电动机突然起动，转动装置伤人。

（16）严格按照巡视线路巡视，防止不按照巡视线路巡视，造成巡视不到位，漏巡视。

2. 变电设备维护工作

（1）设备维护前，检查所使用的安全工器具完好。

（2）防小动物检查时带好撬电缆盖板的工具，工作时防止压伤手脚或坠入电缆沟道内，防止电缆盖板掉落压伤电缆。

（3）低压熔丝检查、更换时戴好手套、护目镜，并至少有 2 人进行。

（4）电容式电压互感器二次侧电压测试前带好万用表，应穿绝缘鞋和全棉长袖工作服，并至少有 2 人进行。

（5）进行 GGF 型蓄电池维护时，应戴耐酸手套和全棉长袖工作服，并至少有 2 人进行。

（6）红外测温带好应急灯，并至少有 2 人进行。

（7）主变压器冷却系统切换试验、备用冷却器试验时，应穿绝缘鞋和全棉长袖工作服，并至少有 2 人进行。

（8）保护屏、测控屏等二次设备清扫时，检查使用的工具应绝缘，应穿全棉长袖工作服。

（9）使用钳形电流表的进行测量工作。

1）变电运维人员在高压回路上使用钳形电流表的测量工作，应由两人进行。

2）在高压回路上测量时，禁止用导线从钳形电流表另接表计测量。

3）使用钳形电流表时，应注意钳形电流表的电压等级。测量时戴绝缘手套，站在绝缘垫上，不得触及其他设备，以防短路或接地。

4）观测表计时，要特别注意保持头部与带电部分的安全距离。

5）测量低压熔断器和水平排列低压母线电流时，测量前应将各相熔断器和母线用绝缘材料加以包护隔离，以免引起相间短路，同时应注意不得触及其他带电部分。

6）在测量高压电缆各相电流时，电缆头线间距离应在 300mm 以上，且绝缘良好，测量方便者，方可进行。

7）当有一相接地时，禁止测量。

8）钳形电流表应保存在干燥的室内，使用前要擦拭干净。

（10）进行鼠药更换前，将能量释放，防止压伤手指。

（11）进入高压设备区，必须戴安全帽。

3．辅助设备维护工作

（1）在低压照明回路上工作，但应做好相应记录，该工作至少由 2 人进行。同时应做好以下低压回路停电的安全措施：

1）将检修设备的各方面电源断开取下熔断器，在断路器或隔离开关操作把手上挂"禁止合闸，有人工作"的标示牌。

2）工作前应验电。

3）停电更换熔断器后，恢复操作时，应戴手套和护目眼镜。

4）低压工作时，应防止相间或接地短路：应采用有效措施遮蔽有电部分，若无法采取遮蔽措施时，则将影响作业的有电设备停电。

5）照明回路修理需登高时，按要求必须有人扶好梯子，并戴好安全帽。

（2）进入电缆层（井、沟）清扫前，应戴安全帽。

4．倒闸操作工作

（1）安全帽使用规范。

1）进入设备现场的所有工作，必须按规定佩戴安全帽。

2）戴安全帽应将帽圈调节至合适的位置，并使帽带紧扣。

3）佩戴安全帽应端正，不准歪戴或斜戴。

4）不准将安全帽当凳子或工具袋使用，不准随意乱抛、乱丢而影响安全帽的性能及使用寿命。

（2）绝缘棒（操作棒）使用规范。

1）必须使用与设备相应的电压等级的合格的绝缘棒（操作棒）。

2）操作人员应手拿绝缘棒的握手部分，严禁超越护环。

3）要戴绝缘手套进行操作。

（3）绝缘手套使用规范。

1）倒闸操作、装拆接地线、高压设备发生接地需接触设备的外壳和架构时、高压验电、使用钳形电流表测量电流均必须戴绝缘手套，使用后必须擦干净，放入专柜内。

2）戴绝缘手套时应将外长袖口放入手套的伸长部分。

（4）绝缘靴使用规范。

1）高压设备发生接地时进入故障区域、雨天操作室外高压设备时、接地电阻不符合要求均必须穿绝缘靴。使用后必须擦干净，放入专柜内。

2）绝缘靴鞋码以符合使用者尺寸为宜。

（5）验电器使用规范。

1）必须使用额定电压和被验设备电压等级相一致的合格的验电器。

2）在验电前应将验电器在有电的设备上试验，证明该验电器完好，再在合接地开关或挂接地线处逐相验电。如属连续操作，下次验电器使用时可不再在有电设备上试验，只要使用试验按钮试验即可。

3）验电笔试验时必须保证手握部位与带电设备安全距离，不准沿设备外壳或绝缘子表面移动验电笔。

4）验电笔不准放置于地面上，应选择合适干燥地点放置。

5）在高压设备上进行验电，必须戴绝缘手套，有监护人在场。

（6）接地线使用规范。

1）装设接地线必须由两人进行。必须先接接地端，后接导体端。拆接地线的顺序与此相反（禁止用缠绕方法进行接地或短路）。

2）应按规定选用合适接点桩头和导体端。

3）装设接地应使用绝缘杆和戴绝缘手套。

4）凡可能送电至停电设备各方面或停电设备上有可能产生感应电压时，都应装设接地线。

5）接地线和工作设备之间不允许连有断路器或熔断器。

6）装、拆接地线，应做好记录。使用完毕应存放在固定地点，且接地线号码与存放位置号码必须一致。交接班时应交待清楚接地线的数量和号码。

（7）梯子使用规范。

1）需由两人放倒搬运，并与带电部位保持足够的安全距离。如在开关室内搬运梯子前，应先检查搬动通道上方无遮栏带电设备具体情况。

2）在水泥或光滑坚硬的地面上使用梯子时，梯脚应有可靠的防滑措施（如防滑橡皮），有条件时可在其下端安置橡胶套或橡胶布。

3）在木板或泥地上使用竹梯子时，其下端必须有带尖头的金属物，或用绳索将梯子下端与固定物缚住。

4）靠在管子上使用梯子时，其上端须有挂钩或用绳索缚住。

5）梯子不能稳固搁置时，应派人扶持，以防梯子下端滑动，同时必须做好防止落物打伤梯下人员的安全措施。对于人字梯，扶梯人和爬梯人最好在两个方向，便于爬梯人上下。上下梯子时应面部朝内。

6）在梯子上工作时，梯与地面的夹角以 60° 为宜。

7）人字梯须有坚固的铰链和限制开度的拉链。

8）升降梯升出后，升降绳必须牢固可靠绑扎在梯子下部。

9）严禁两人站在同一个梯子上工作，梯子的最高两档不得站人。

10）在带电设备区，不宜使用铝合金梯，严禁使用铝合金升降梯。

（8）倒闸操作防人身伤害的总体措施。

1）监护操作时，操作人在操作过程中不准有任何未经监护人同意的操作行为。

2）操作中发生疑问时，应立即停止操作并向发令人报告。待发令人再行许可后，方可进行操作。不准擅自更改操作票，不准随意解除闭锁装置。

3）用绝缘棒拉合隔离开关、高压熔断器或经传动机构拉合断路器和隔离开关，均应戴绝缘手套。雨天操作室外高压设备时，绝缘棒应有防雨罩，还应穿绝缘靴。接地网电阻不符合要求的，晴天也应穿绝缘靴。雷电时，一般不进行倒闸操作，禁止就地进行倒闸操作。

4）装卸高压熔断器，应戴护目眼镜和绝缘手套，必要时使用绝缘夹钳，并站在绝缘垫或绝缘台上。

5）操作中防止误碰、误动、误登运行设备，使用不合格的安全工器具。

6）开始操作前、操作中和操作后注意操作中发生（听、看）的信号，发现异常立即停止操作。

7）进行登高操作，严禁穿高跟鞋类、硬底鞋类。

8）操作中必须正确使用安全用具。进行一次设备操作、电流互感器及电压互感器二次回路操作，布置安全措施等工作，必须穿绝缘靴（鞋）。验电、装拆接地线，必须戴绝缘手套。装拆接地线、装拆安全措施、设备验收等工作时，防止感应电等。

9）使用竹梯登高作业时，应先检查其合格，无断栏、开裂等已明确的规定，并放倒两人搬运。在使用中严禁上下投掷工器具、不得多人同时在梯子上、梯子与带电设备距离应足够、梯子尽可能避免支撑在绝缘子上等规定。

10）设备操作时防人员伤害的注意措施：

① 远方操作对检修设备或新设备进行冲击时，设备现场的人员应远离冲击设备，特别是变压器、电容器、避雷器、互感器、电抗器、SF_6 设备。

② 远方操作对线路设备进行冲击时，断路器设备现场人员应远离冲击设备。

（9）验电操作防人身伤害的措施。

1）验电时，应使用相应电压等级、合格的接触式验电器，在装设接地线或合接地开关处对各相分别验电。验电前，应先在有电设备上进行试验，确证验电器良好。无法在有电设备上进行试验时可用工频高压发生器等确证验电器良好。

2）高压验电应戴绝缘手套。验电器的伸缩式绝缘棒长度应拉足，验电时手应握在手柄处不得超过护环，人体应与验电设备保持规定的距离。雨雪天气时不得进行室外直接验电。

3）表示设备断开和允许进入间隔的信号、经常接入的电压表等，如果指示有电，则禁止在设备上工作。

（10）接地线操作防人身伤害的措施。

1）装设接地线应由两人进行。

2）当验明设备确已无电压后，应立即将检修设备接地并三相短路。电缆及电容器接地前应逐相充分放电，星形接线电容器的中性点应接地、串联电容器及与整组电容器脱离的电容器应逐个多次放电，装在绝缘支架上的电容器外壳也应放电。

3）所装接地线与带电部分应考虑接地线摆动时仍符合安全距离的规定。

4）在配电装置上，接地线应装在该装置导电部分的规定地点，这些地点的油漆应刮去，并划有黑色标记。

5）装设接地线应先接接地端，后接导体端，接地线应接触良好，连接应可靠。拆接地线的顺序与此相反。装、拆接地线均应使用绝缘棒和戴绝缘手套。人体不得碰触接地线或未接地的导线，以防止触电。

6）装拆地线使用梯子，摆放位置必须正确（与地面成 60°角），竹梯下端需绑设橡胶，防止滑动，下面应有专人监护、扶梯，使用梯子的不得超过限高线。

（11）接地开关操作防人身伤害的措施

1）合接地开关前，必须验明接地设备（处）确无电压。

2）带有两把接地开关的隔离开关，在主隔离开关拉开时，两把接地开关均可操作，应注意核对所操作的隔离开关必须正确无误。

3）操作中必须使用防误装置，不得擅自强行解锁操作。

（12）隔离开关操作防人身伤害的措施。

1）在隔离开关操作前必须确认该回路的断路器在断开位置。

2）停役操作时，先拉开断路器，后负荷侧隔离开关、再电源侧隔离开关顺序进行。复役时相反。

3）用隔离开关进行解合环操作时，应将环路回路中所有断路器改为非自动，并考虑对继电保护的影响及潮流的变化。

4）分、合闸操作终了，机构的定位锁必须正确就位，并上锁。

5）带有接地开关的隔离开关，主隔离开关与接地开关装有机械闭锁，只能合上其中一种隔离开关。但在主隔离开关、接地开关都在分开位置时，相互间无闭锁这时应注意不可合错主、地隔离开关，防止事故发生。

6）发现隔离开关支持绝缘子有裂纹、不坚固等会影响操作的情况则禁止对隔离开关进行操作。

7）合闸时如发生电弧应将隔离开关迅速合上，禁止将隔离开关再行拉开。

8）分闸操作完毕后，应检查隔离开关确在断开位置。刚拉开时如发生强烈电弧（未断）应立即反向重新将隔离开关合上，如果电弧已拉断，严禁将隔离开关再行合上。

9）操作机构失灵时，严禁强行操作，必须查明原因后，消除故障后方可操作。

10）电动操作的隔离隔离开关，运行操作禁止采用顶接触器及短接线的方式解锁操作。手摇操作应在停电后进行。

5. 工作票办理工作

（1）审查工作票所列安全措施是否正确、完备，是否符合现场条件。细致审核工作票，发现不合格退回重新签发。工作中发现安措不正确，应停止工作，立即整改，严禁先许可，再补票。

（2）工作现场布置的安全措施是否完善。

工作现场安全措施不规范，如警告标示不齐全、带电设备隔离不符合要求，易造成工作人员伤害。装设围栏时，力争在检修设备处有较大的活动范围，当围栏内上方有带电导线时，应在工作票带电部位中说明，围栏与带电设备的水平距离不得小于规定（10kV为0.35m，35kV为0.6m，110kV为1.5m，220kV为3m，500kV为5m），严禁围栏内有带电设备，作为安全措施的隔离开关操动机构严禁在围栏内。

1）在一经合闸即可送电到工作地点的断路器和隔离开关的操作把手上，均应悬挂"禁止合闸，有人工作！"的标示牌，隔离开关操作把手必须上锁，电动隔离开关的电源应断开。

2）部分停电的工作，临时遮栏与带电部分的安全距离不得小于规定外，还应在围栏上悬挂适当数量"止步，高压危险！"的标示牌。

3）在室内高压设备上工作，应在工作地点两旁及对面运行设备间隔的遮栏（围栏）上和禁止通行的过道遮栏（围栏）上悬挂"止步，高压危险！"的标示牌。

4）高压开关柜内手车开关拉出后，柜门必须上锁，并设置"止步，高压危险！"的标示牌。

5）在户外高压设备上工作，应在工作地点四周装设围栏，其出入口要围至临近道路旁边，并设有"从此进出！"的标示牌。工作地点四周围栏上悬挂的"止步，高压危险！"标示牌，标示牌应朝向围栏里面。若室外配电装置的大部分设备停电，只有个别地点保留有带电设备而其他设备无触及带电导体的可能时，可以在带电设备四周装设全封闭围栏，围栏上悬挂适当数量的"止步，高压危险！"标示牌，标示牌应朝向围栏外面。

6）在工作地点设置"在此工作！"的标示牌。

7）在室外构架上工作，则应在工作地点邻近带电部分的横梁上，悬挂"止步，高压危险！"的标示牌。在工作人员上下铁架或梯子上，应悬挂"从此上下！"的标示牌。在邻近其他可能误登的带电构架上，应悬挂"禁止攀登，高压危险！"的标示牌。

（3）检查检修设备有无突然来电的危险。

1）检修设备和可能来电侧的断路器、应断开控制电源和合闸电源，隔离开关操作把手必须上锁。

2）当围栏内上方有带电导线时，应在工作票带电部位中说明，并在工作许可时向工作负责人重点说明。

（4）变电运维人员的"补充工作地点保留带电部分和安全措施"栏正确填写要求。

1）针对单一间隔一次设备检修。

① 原则上相邻设备不管状态如何，均视作运行（带电）设备考虑。

② 鉴于实际执行中调控中心很少有说明线路带电运行情况，为便于执行，如调控中心未作说明，对线路状态均视作运行（带电）设备考虑（已明确在检修状态的除外）。

③ 如相邻间隔设备有检修工作，必须按实际运行状态填写，如其中一张工作票先行结束，调整相应安全措施（指同设围栏情况，即方便变电运维人员围栏设置）。

2）针对单母线（包括母设）检修。

① 原则上对连接于检修母线上所有线路的线路侧，如调控中心未作说明，不管状态如何均视作运行（带电）设备考虑（已在检修状态的除外）。

② 针对单母线分段接线方式中一段母线停电，如果与该母线相连的几个间隔设备检修，使用一张工作票情况时，需说明对应检修间隔的线路侧是否带电。

3）针对开关室内开关柜上保护装置工作。

① 相邻开关柜均视作运行（带电）设备考虑。

② 开关柜所连母线视带电考虑（已明确在检修状态的除外）。

4）针对围栏内上方（或下方）有带电设备的工作，必须写明。主要情况有：

① 主变压器某侧断路器检修、主变压器在运行，上方主变压器引线带电。虽然安全距离达到《安规》要求，但工作中有可能存在触电危险。

② 一台主变压器检修、另一台主变压器在运行，运行主变压器的中低压引线带电，当检修主变压器的引线或引线桥工作时。虽然安全距离达到《安规》要求，但工作中有可能存在触电危险。

③ 主变压器及各侧断路器检修、母线在运行，下方母线带电。虽然安全距离达到《安规》要求，但工作中有可能存在触电危险。

④ 有些变电站双母线接线中，副母电压互感器间隔设在正母线下方，正母电压互感器间隔设在旁路母线下方。当母线电压互感器间隔工作时虽然安全距离达到《安规》要求，但工作中有可能存在触电危险。

⑤ 有些变电站接线中，线路设备（如避雷器）经电缆布置在另一组母线间隔内，当母线停役，而线路设备在另一运行母线间隔中，或者说停电母线间隔内有带电的线路设备，工作中有可能存在触电危险。

（5）工作许可人在许可时，带电设备未指明、未采取隔离措施，工作人员有可能存在误碰、误动、误登运行设备，造成触电危险。

（6）变电运维人员或检修人员擅自移动或拆除遮栏（围栏）、标示牌，检修人员有可能存在误碰、误动、误登运行设备，造成触电危险。主要措施为：

1）检修人员因工作原因必须短时移动或拆除遮栏（围栏）、标示牌，应征得工作许可人同意，并在工作负责人的监护下进行，完毕后应立即恢复。

2）变电运维人员因工作原因必须短时移动或拆除遮栏（围栏），应征得工作负责人同意，并在工作负责人的监护下进行，完毕后应立即恢复。

3）进入检修区域不戴安全帽、不按规定着装，在突发事件时失去保护。

（7）全部工作完毕后，变电运维人员验收检查设备时防止人身伤害措施：

1）验收设备使用梯子，摆放位置必须正确（与地面成 60°角），竹梯下端需绑设橡胶，防止滑动，且下面应有专人监护、扶梯。严禁穿高跟鞋、硬底鞋。

2）设备传动验收时，应先确认该设备传动不会引起事故方可进行，否则严禁传动。确认二次设备传动断路器（或隔离开关）时该一次设备上已无检修人员，并挂好"设备传动"提示牌。

3）严禁擅自打开设备网门，擅自移动临时安全围栏，擅自跨越设备固定围栏验收。

第二节　突发事件防人身伤害安全

变电站突发事件对人身伤害主要为设备事故、外力入侵、自然灾害三种。

一、电气设备事故

变电站设备事故时，应将故障设备的各方面电源断开，断开电源必须在远方操作的方式进行，尽量避免就地操作。准备必要的安全工器具，人员器具准备未完备的禁止进入现场，进入人员应有防止触电、中毒等措施，因此设备发生故障检查或应急处置的人员必须具备全棉长袖工作服、安全帽、绝缘靴、绝缘手套等装备，对发生火灾、SF_6 泄漏的场所，进入检查或应急处置的人员还应装备空气呼吸器。只有在做好全面及完备的人身防护后，才能进行设备故障的紧急事故处置。电气设备事故主要有 SF_6 气体泄漏、设备爆炸起火等。

1. SF_6 气体泄漏防人身伤害措施

（1）在 SF_6 配电装置室低位区应安装能报警的氧量仪和 SF_6 气体泄漏报警仪，在工作人员入口处应装设显示器。上述仪器应定期检验，保证完好。

（2）工作人员进入 SF_6 配电装置室，入口处若无 SF_6 气体含量显示器，应先通风 15min，并用检漏仪测量 SF_6 气体含量合格。尽量避免一人进入 SF_6 配电装置室进行巡视，不准一人进入从事检修工作。

（3）工作人员不准在 SF_6 设备防爆膜附近停留。若在巡视中发现异常情况，应立即报告，查明原因，采取有效措施进行处理。变电运维人员接近设备要谨慎，尽量选择从

"上风"处接近设备，并戴防毒面具。

（4）进入 SF_6 配电装置低位区或电缆沟进行工作应先检测含氧量（不低于 18%）和 SF_6 气体含量是否合格。

（5）SF_6 配电装置发生大量泄漏等紧急情况时，人员应迅速撤出现场，开启所有排风机进行排风。未佩戴防毒面具或正压式空气呼吸器人员禁止入内。只有经过充分的自然排风或强制排风，并用检漏仪测量 SF_6 气体合格，用仪器检测含氧量（不低于 18%）合格后，人员才准进入。发生设备防爆膜破裂时，应停电处理，并用汽油或丙酮擦拭干净。

（6）SF_6 断路器进行操作时，禁止检修人员在其外壳上进行工作。

2. 设备爆炸起火的人身伤害措施

（1）进入作业现场应正确佩戴安全帽，现场作业人员应穿全棉长袖工作服、绝缘鞋。

（2）应先检查故障设备各方面的电源是否已断开，如未断开，应立即拉开故障设备各个方面的断路器。

（3）现场有着火情况时，应先报警并隔离着火设备，迅速采取灭火措施。处理事故时，首先应保证人身安全，特别是着火设备为充油设备时，应随时注意着火设备火势情况，防止着火设备突然爆炸造成人员伤害及设备损伤，事故扩大。

（4）立即将情况向调控中心及主管部门汇报。

二、外力入侵

治安保卫工作是电力安全生产的一个重要组成部分，它不仅关系到电力企业自身的生产、财产和人身安全，而且直接影响着地方经济的发展和人民的安居乐业。变电站的治安保卫工作主要以变电站防入侵、防盗窃、防破坏、防火和安全检查为目的，由人力防范（人防）、实体防范（物防）和技术防范（技防）组成的安全防范和控制体系。

1. 人力防范（人防）

执行安全防范任务的具有相应素质人员和/或人员群体的一种有组织的防范行为（包括人、组织和管理等）。变电站人防包括远方监控中心值班人员和运维班、应急抢修班、公安派出所、志愿护线员或维保单位等相关人员及其组织管理。

（1）目前变电站人防采用就地保安值守，变电运维班及调控中心监控班远方监控组合方式。

（2）220kV 及以上变电站应设警卫室，警卫人员生活设施不得与变电运维人员生活设施混用，变电站的大门正常应上锁。

（3）外来人员进入变电站参观、学习、培训，经有关部门同意后，在变电站人员的陪同下进行。非本单位工作人员和未在有关部门办理出入手续的其他人员不得进入变电站。

（4）严格执行外来人员登记制度，对进入变电站的外来人员，应做好出入登记。

（5）变电站保安每日必须对变电站大门、围墙、重要设备周围及其他要害部位进行巡视，发现问题及时采取措施处理。巡视时要求不得触碰生产设备并注意人身安全，并按照指定路线进出生产区。

（6）变电站保安应能够正确使用各类报警电话，具有一定的判断、辨别、应变能力，会正确使用、操作消防器材和防盗设备。

2. 实体防范（物防）

用于安全防范目的、能延迟风险事件发生的各种实体防护手段，包括建（构）筑物、屏障、器具、设备、系统等。主要指变电站的围墙、墙体、防盗门、防盗窗、防盗栅栏等。

（1）变电站围墙不得随意拆除，确因工作需要拆除的，需事先与有关部门联系，并征得安全保卫部同意，在采取有效的防范措施后方可拆除，事后应立即恢复原状。

（2）门窗应安装牢固，上锁关闭，重要库室应安装防盗装置，并定期进行检查，发现问题及时处理。

3. 技术防范（技防）

利用各种电子信息设备组成系统和/或网络以提高探测、延迟、反应能力和防护功能的安全防范手段。变电站技防系统由入侵报警子系统、视频安防监控子系统、出入口控制子系统、灯光照明控制子系统、火灾报警子系统和信息联动管理单元组成。

（1）入侵报警子系统包括红外防入侵、围墙防震系统、电子围栏等，其中红外防入侵系统采用"日撤夜投"方式，即早上 8 时撤出，晚上 18 时投入。在布防阶段因现场工作需要，运维班或调控中心监控班可自行撤防。若全站撤防较长时间（超过 24h），应事先征得本单位安全监督部门同意。全站撤防批复应全过程录音，并在《班组工作日志》中做好记录。

（2）电子围栏、围墙振动报警系统应始终处于布防状态，不得随意退出运行，确需退出时必须经本单位安全监督部门同意并安排好相应防范措施。

（3）视频安防监控子系统，运维班或调控中心监控班应利用该系统对所辖无人值班变电站进行查看，每天二次，一次为交接班前，另一次在间隔适当时间，必要时可适当增加次数，查看时应注重下列重点，并将查看情况记录在运行日志中。

1）设备区有无外来人员。

2）操作人员操作是否规范。

3）设备是否有明显异常情况。

4）安全措施是否有明显变动。

5）站内是否有火灾现象。

6）站内是否有动物进出。

7）站内是否有外来人员偷盗现象。

（4）当系统有缺陷时，按照设备缺陷程序进行记录、上报。如防火或防盗报警部分、全部功能故障，应填报重要缺陷，单个探头、摄像机故障填报一般缺陷。

（5）变电站应每季对每个区域的防盗进行一次抽检，抽检率不低于总数的 20%。电子围栏、围墙振动报警系统应确保正常运行，应定期对系统进行维护试验。

4. 外力入侵应急措施

（1）若发现有人进行偷盗等破坏变电站设施的行为，在确保自身安全和有效阻吓的同时应立即报警（主要案情、时间、地点等）。

（2）遇到盗窃等违法犯罪分子，要冷静、沉着，避免直接冲突。可采取及时电告110电话、婉言劝阻、拖延时间等方法，尽力做到既保护自身安全，又不使国家财产损失。当两者难以兼顾时，首先保证自身安全，用心记住来者特征等办法以应付、周旋。

三、自然灾害

因暴雨、洪水、台风、潮汛等自然灾害造成的发、输、供电设施以及电网事故,为最大限度地减少事故损失及影响，应建立起自然灾害发生时快速有效地应急处置机制，确保电网安全运行。

（1）加强设备巡视工作，增加巡视次数，在汛期来临之前，变电站应按《变电运行巡视作业指导书》要求进行一次全面巡视，摸清设备状况，及时安排消缺和隐患整治，确保设备安全度过汛期。

（2）在汛期来临之前，应利用红外线测温等带电检测手段对设备进行一次全面检查，以及早发现并消除缺陷，提高设备的可靠性。

（3）汛期来临之前，对变电站"五小箱"进行一次全面的开箱检查，对于关闭不严或防水措施不完善的箱子应采取临时措施，必要时上报缺陷处理。对于箱内防潮设施，应检查其完好，保证电源畅通，并按规定要求投退。

（4）高温高负荷期间，加强设备的负荷监视和信息监控，认真做好监视和检查，发现满载、超载及时汇报调控中心，做好记录，并采取相应的措施，做好事故预想。

（5）台风来临前，检查站内树木、临时建筑物等是否影响设备运行，检查房屋渗漏及门、窗关闭情况，及时处理存在问题，未能处理时应汇报上级部门并采取临时措施。检查变电站内的排水设施是否完好，排水孔洞有无堵塞，对地处低洼的变电站尤其要检查排水工具如排水泵等运转是否良好，必要时应增加临时水泵。对地处山区的变电站要注意检查围墙、挡墙和护坡的稳定性，周边山体有无滑坡的危险。

（6）变电运维班应对所辖变电站可能发生的特殊状态制定事故预案、应急方案并经上级部门审核批准。

（7）火灾、地震、台风、冰雪、洪水、泥石流等灾害发生时，如需要对设备进行巡视时，应制定必要的安全措施，得到设备运行管理单位分管领导批准，并至少两人一组，巡视人员应与派出部门之间保持通信联络。

第三节 应急自救能力

应急自救的基本原则是在现场采取积极措施，保护伤员的生命，减轻伤情，减少痛苦，并根据伤情需要，迅速与医疗急救中心（医疗部门）联系救治。急救成功的关键是动作快，操作正确。任何拖延和操作错误都会导致伤员伤情加重或死亡。现场工作人员都应定期接受培训，学会紧急救护法，会正确脱离电源，会心肺复苏法，会止血、会包扎，会转移搬运伤员，会处理急救外伤或中毒等。

一、触电急救

1. 触电急救基本要求

触电急救应分秒必争，一经明确心跳、呼吸停止的，立即就地迅速用心肺复苏法进行抢救，并坚持不断地进行，同时及早与医疗急救中心（医疗部门）联系，争取医务人员接替救治。在医务人员未接替救治前，不应放弃现场抢救，更不能只根据没有呼吸或脉搏的表现，擅自判定伤员死亡，放弃抢救。只有医生有权做出伤员死亡的诊断。与医务人员接替时，应提醒医务人员在触电者转移到医院的过程中不得间断抢救。

2. 迅速脱离电源

（1）触电急救，首先要使触电者迅速脱离电源，越快越好。

（2）脱离电源，就是要把触电者接触的那一部分带电设备的所有断路器、隔离开关或其他断路设备断开，或设法将触电者与带电设备脱离开。在脱离电源过程中，救护人员也要注意保护自身的安全。

（3）变电站低压触电可采用下列方法使触电者脱离电源。

1）如果触电地点附近有电源开关或电源插座，可立即拉开开关或拔出插头，断开电源。但应注意到拉线开关或墙壁开关等只控制一根线的开关，有可能因安装问题只能切断中性线而没有断开电源的相线。

2）如果触电地点附近没有电源开关或电源插座（头），可用有绝缘柄的电工钳或有干燥木柄的斧头切断电线，断开电源。

3）当电线搭落在触电者身上或压在身下时，可用干燥的衣服、手套、绳索、皮带、木板、木棒等绝缘物作为工具，拉开触电者或挑开电线，使触电者脱离电源。

4）如果触电者的衣服是干燥的，又没有紧缠在身上，可以用一只手抓住他的衣服，拉离电源。但因触电者的身体是带电的，其鞋的绝缘也可能遭到破坏，救护人不得接触触电者的皮肤，也不能抓他的鞋。

（4）高压触电可采用下列方法之一使触电者脱离电源。

1）戴上绝缘手套，穿上绝缘靴，用相应电压等级的绝缘工具按顺序拉开电源开关或熔断器。

2）抛掷裸金属线使线路短路接地，迫使保护装置动作，断开电源。注意抛掷金属线之前，应先将金属线的一端固定可靠接地，然后另一端系上重物抛掷，注意抛掷的一端不可触及触电者和其他人。另外，抛掷者抛出线后，要迅速离开接地的金属线 8m 以外或双腿并拢站立，防止跨步电压伤人。在抛掷短路线时，应注意防止电弧伤人或断线危及人员安全。

（5）脱离电源后救护者应注意的事项。

1）救护人不可直接用手、其他金属及潮湿的物体作为救护工具，而应使用适当的绝缘工具。救护人最好用一只手操作，以防自己触电。

2）防止触电者脱离电源后可能的摔伤，特别是当触电者在高处的情况下，应考虑防止坠落的措施。即使触电者在平地，也要注意触电者倒下的方向，注意防摔。救护者也应注意救护中自身的防坠落、摔伤措施。

3）救护者在救护过程中特别是在杆上或高处抢救伤者时，要注意自身和被救者与附近带电体之间的安全距离，防止再次触及带电设备。电气设备、线路即使电源已断开，对未做安全措施挂上接地线的设备也应视作有电设备。救护人员登高时应随身携带必要的绝缘工具和牢固的绳索等。

4）如事故发生在夜间，应设置临时照明灯，以便于抢救，避免意外事故，但不能因此延误切除电源和进行急救的时间。

（6）现场就地急救：触电者脱离电源以后，现场救护人员应迅速对触电者的伤情进行判断，对症抢救。同时设法联系医疗急救中心（医疗部门）的医生到现场接替救治。要根据触电伤员的不同情况，采用不同的急救方法。

1）触电者神志清醒、有意识，心脏跳动，但呼吸急促、面色苍白，或曾一度昏迷、但未失去知觉。此时不能用心肺复苏法抢救，应将触电者抬到空气新鲜，通风良好地方躺下，安静休息 1～2h，让他慢慢恢复正常。天凉时要注意保温，并随时观察呼吸、脉搏变化。

2）触电者神志不清，判断意识无，有心跳，但呼吸停止或极微弱时，应立即用仰头抬颏法，使气道开放，并进行口对口人工呼吸。此时切记不能对触电者施行心脏按压。如此时不及时用人工呼吸法抢救，触电者将会因缺氧过久而引起心跳停止。

3）触电者神志丧失，判定意识无，心跳停止，但有极微弱的呼吸时，应立即施行心肺复苏法抢救。不能认为尚有微弱呼吸，只需做胸外按压，因为这种微弱呼吸已起不到人体需要的氧交换作用，如不及时人工呼吸即会发生死亡，若能立即施行口对口人工呼吸法和胸外按压，就能抢救成功。

4）触电者心跳、呼吸停止时，应立即进行心肺复苏法抢救，不得延误或中断。

5）触电者和雷击伤者心跳、呼吸停止，并伴有其他外伤时，应先迅速进行心肺复苏急救，然后再处理外伤。

6）触电者衣服被电弧光引燃时，应迅速扑灭其身上的火源，着火者切忌跑动，方法可利用衣服、被子、湿毛巾等扑火，必要时可就地躺下翻滚，使火扑灭。

3. 伤员脱离电源后的处理

（1）判断意识和通畅呼吸道。

1）判断伤员有无意识的方法：

① 轻轻拍打伤员肩部，高声喊叫，"喂！你怎么啦？"

② 如认识，可直呼喊其姓名。有意识，立即送医院。

③ 无反应时，立即用手指甲掐压人中穴、合谷穴约5s。

注意：以上3步动作应在10s以内完成，不可太长，伤员如出现眼球活动、四肢活动及疼痛感后，应即停止掐压穴位，拍打肩部不可用力太重，以防加重可能存在的骨折等损伤。

2）呼救：一旦初步确定伤员神志昏迷，应立即招呼周围的人前来协助抢救，哪怕周围无人，也应该大叫"来人啊！救命啊！"。

注意：一定要呼叫其他人来帮忙，因为一个人作心肺复苏术不可能坚持较长时间，而且劳累后动作易走样。叫来的人除协助作心肺复苏外，还应立即打电话给救护站或呼叫受过救护训练的人前来帮忙。

3）将伤员旋转适当体位：正确的抢救体位是：仰卧位。患者头、颈、躯干平卧无扭曲，双手放于两侧躯干旁。

如伤员摔倒时面部向下，应在呼救同时小心将其转动，使伤员全身各部成一个整体。尤其要注意保护颈部，可以一手托住颈部，另一手扶着肩部，使伤员头、颈、胸平稳地直线转至仰卧，在坚实的平面上，四肢平放。

注意：抢救者跪于伤员肩颈侧旁，将其手臂举过头，拉直双腿，注意保护颈部。解开伤员上衣，暴露胸部（或仅留内衣），冷天要注意使其保暖。

（2）通畅气道：当发现触电者呼吸微弱或停止时，应立即通畅触电者的气道以促进触电者呼吸或便于抢救。通畅气道主要采用仰头举颏（颌）法，即一手置于前额使头部后仰，另一手的食指与中指置于下颌骨近下颏或下颌角处，抬起下颏（颌）。注意：严禁用枕头等物垫在伤员头下。手指不要压迫伤员颈前部、颏下软组织，以防压迫气道，颈部上抬时不要过度伸展，有假牙托者应取出。颈椎有损伤的伤员应采用双下颌上提法。

（3）判断呼吸：在通畅呼吸道之后，由于气道通畅可以明确判断呼吸是否存在。维持开放气道位置，用耳贴近伤员口鼻，头部侧向伤员胸部，眼睛观察其胸有无起伏。面部感觉伤员呼吸道有无气体排出，或耳听呼吸道有无气流通过的声音。

注意：

1）保持气道开放位置。

2）观察5s左右时间。

3）有呼吸者，注意保持气道通畅。

4）无呼吸者，立即进行口对口人工呼吸。

5）通畅呼吸道：部分伤员因口腔、鼻腔内异物（分泌物、血液、污泥等）导致气道阻塞时，应将触电者身体侧向一侧，迅速将异物用手指抠出。

6）不通畅而产生窒息，以致心跳减慢。可因呼吸道畅通后，随着气流冲出，呼吸恢复，而致心跳亦恢复。

（4）判断伤员有无脉搏：在检查伤员的意识、呼吸、气道之后，应对伤员的脉搏进行检查，以判断伤员的心脏跳动情况。具体方法如下：

1）在开放气道的位置下进行（首次人工呼吸后）。

2）一手置于伤员前额，使头部保持后仰，另一手在靠近抢救者一侧触摸颈动脉。

3）可用食指及中指指尖先触及气管正中部位，男性可先触及喉结，然后向两侧滑移2～3cm，在气管旁软组织处轻轻触摸颈动脉搏动。

注意：摸颈动脉不能用力过大，以免推移颈动脉，妨碍触及。

1）不要同时触摸两侧颈动脉，造成头部供血中断。

2）要压迫气管，造成呼吸道阻塞。

3）检查时间不要超过10s。

4）未触及搏动：心跳已停止，或触摸位置有错误。触及搏动：有脉搏、心跳，或触摸感觉错误（可能将自己手指的搏动感觉为伤员脉搏）。

5）判断应综合审定：如无意识，无呼吸，瞳孔散大，面色紫绀或苍白，再加上触不到脉搏，可以判定心跳已经停止。

不同状态下电击伤患者的急救措施见表4-1。

表 4-1　　　　　　　　不同状态下电击伤患者的急救措施

神志	心跳	呼吸	对症救治措施
清醒	存在	存在	静卧、保暖、严密观察
昏迷	停止	存在	胸外心脏按压术
昏迷	存在	停止	口对口（鼻）人工呼吸
昏迷	停止	停止	同时作胸外心脏按压和口对口（鼻）人工呼吸

4. 口对口（鼻）呼吸

当判断伤员确实不存在呼吸时，应即进行口对口（鼻）的人工呼吸，其具体方法是：

（1）在保持呼吸通畅的位置下进行。用按于前额一手的拇指与食指，捏住伤员鼻孔（或鼻翼）下端，以防气体从口腔内经鼻孔溢出，施救者深吸一口气屏住并用自己的嘴唇包住（套住）伤员微张的嘴。

（2）用力快而深地向伤员口中吹（呵）气，同时仔细地观察伤员胸部有无起伏，如无起伏，说明气未吹进。

（3）一次吹气完毕后，应即与伤员口部脱离，轻轻抬起头部，面向伤员胸部，吸入新鲜空气，以便作下一次人工呼吸。同时使伤员的口张开，捏鼻的手也可放松，以便伤员从鼻孔通气，观察伤员胸部向下恢复时，则有气流从伤员口腔排出。

抢救一开始，应即向伤员先吹气两口，吹气有起伏者，人工呼吸有效。吹气无起伏者，则表示气道通畅不够，或鼻孔处漏气或吹气不足或气道有梗阻。

注意：

1）每次吹气量不要过大，大于1200mL会造成胃扩张。

2）吹气时不要按压胸部。

3）抢救一开始的首次吹气两次，每次时间约 1～1.5s。

4）有脉搏无呼吸的伤员，则每 5s 吹一口气，每分钟吹气 12 次。

5）口对鼻的人工呼吸，适用于有严重的下颌及嘴唇外伤，牙关紧闭，下颌骨骨折等情况的伤员，难以采用口对口吹气法。

5. 人工循环（体外按压）

人工建立的循环方法有两种：第一种是体外心脏按压（胸外按压），第二种是开胸直接压迫心脏（胸内按压）。在现场急救中，采用的是第一种方法，应牢记掌握。

（1）按压部位：胸骨中 1/3 与下 1/3 交界处。

（2）伤员体位：伤员应仰卧于硬板床或地上。如为弹簧床，则应在伤员背部垫一硬板。硬板长度及宽度应足够大，以保证按压胸骨时，伤员身体不会移动。但不可因找寻垫板而延误开始按压的时间。

（3）快速测定按压部位的方法：快速测定按压部位可分 5 个步骤。

1）首先触及伤员上腹部，以食指及中指沿伤员肋弓处向中间移滑。

2）在两侧肋弓交点处寻找胸骨下切迹。以切迹作为定位标志。不要以剑突下定位。

3）然后将食指及中指两横指放在胸骨下切迹上方，食指上方的胸骨正中部即为按压区。

4）以另一手的掌根部紧贴食指上方，放在按压区。

5）再将定位之手取下，重叠将掌根放于另一手背上，两手手指交叉抬起，使手指脱离胸壁。

（4）按压姿势：抢救者双臂绷直，双肩在伤员胸骨上方正中，靠自身重量垂直向下按压。

（5）按压用力方式：

1）按压应平稳，有节律地进行，不能间断。

2）不能冲击式的猛压。

3）下压及向上放松的时间应相等。压按至最低点处，应有一明显的停顿。

4）垂直用力向下，不要左右摆动。

5）放松时定位的手掌根部不要离开胸骨定位点，但应尽量放松，务必使胸骨不受任何压力。

（6）按压频率：按压频率应保持在 100 次/min。

（7）按压与人工呼吸比例：按压与人工呼吸的比例关系通常是，成人为 30:2。

（8）按压深度：通常，成人伤员为 4～5cm。

（9）胸外心脏按压常见的错误：

1）按压除掌根部贴在胸骨外，手指也压在胸壁上，这容易引起骨折（肋骨或肋软骨）。

2）按压定位不正确，向下易使剑突受压折断而致肝破裂。向两侧易致肋骨或肋软骨骨折，导致气胸、血胸。

3）按压用力不垂直，导致按压无效或肋软骨骨折，特别是摇摆式按压更易出现严重并发症。

4）抢救者按压时肘部弯曲，因而用力不够，按压深度达不到 3.8～5cm。

5）按压冲击式，猛压，其效果差，且易导致骨折。

6）放松时抬手离开胸骨定位点，造成下次按压部位错误，引起骨折。

7）放松时未能使胸部充分松弛，胸部仍承受压力，使血液难以回到心脏。

8）按压速度不自主地加快或减慢，影响按压效果。

9）双手掌不是重叠放置，而是交叉放置。

6. 心肺复苏法

（1）操作过程有以下步骤：

1）首先判断昏倒的人有无意识。

2）如无反应，立即呼救，叫"来人啊！救命啊！"等。

3）迅速将伤员放置于仰卧位，并放在地上或硬板上。

4）开放气道（仰头举颏或颌）。

5）判断伤员有无呼吸（通过看、听和感觉来进行）。

6）如无呼吸，立即口对口吹气两口。

7）保持头后仰，另一手检查颈动脉有无搏动。

8）如有脉搏，表明心脏尚未停跳，可仅做人工呼吸，每分钟 12～16 次。

9）如无脉搏，立即在正确定位下在胸外按压位置进行心前区叩击 1～2 次。

10）叩击后再次判断有无脉搏，如有脉搏即表明心跳已经恢复，可仅做人工呼吸即可。

11）如无脉搏，立即在正确的位置进行胸外按压。

12）每按压 15 次，需做两次人工呼吸，然后再在胸部重新定位，再做胸外按压，如此反复进行，直到协助抢救者或专业医务人员赶来。按压频率为 100 次/min。

13）开始 1min 后检查一次脉搏、呼吸、瞳孔，以后每 4～5min 检查一次，检查不超过 5s，最好由协助抢救者检查。

14）如有担架搬运伤员，应该持续作心肺复苏，中断时间不超过 5s。

（2）心肺复苏操作的时间要求：

0～5s：判断意识。

5～10s：呼救并放好伤员体位。

10～15s：开放气道，并观察呼吸是否存在。

15～20s：口对口呼吸两次。

20～30s：判断脉搏。

30～50s：进行胸外心脏按压 30 次，再人工呼吸 2 次，以后连续反复进行。

以上程序尽可能在 50s 以内完成，最长不宜超过 1min。

（3）双人复苏操作要求：

1）两人应协调配合，吹气应在胸外按压的松弛时间内完成。

2）按压频率为 100 次/min。

3）按压与呼吸比例为 30:2，即 30 次心脏按压后，进行 2 次人工呼吸。

4）为达到配合默契，可由按压者数口诀"1、2、3、4、…、29、吹"，当吹气者听到"29"时，做好准备，听到"吹"后，即向伤员嘴里吹气，按压者继而重数口诀"1、2、3、4、…、29、吹"，如此周而复始循环进行。

5）人工呼吸者除需通畅伤员呼吸道、吹气外，还应经常触摸其颈动脉和观察瞳孔等。

（4）心复苏法注意事项：

1）吹气不能在向下按压心脏的同时进行。数口诀的速度应均衡，避免快慢不一。

2）操作者应站在触电者侧面便于操作的位置，单人急救时应站立在触电者的肩部位置。双人急救时，吹气人应站在触电者的头部，按压心脏者应站在触电者胸部、与吹气者相对的一侧。

3）人工呼吸者与心脏按压者可以互换位置，互换操作，但中断时间不超过 5s。

4）第二抢救者到现场后，应首先检查颈动脉搏动，然后再开始做人工呼吸。如心脏按压有效，则应触及搏动，如不能触及，应观察心脏按压者的技术操作是否正确，必要时应增加按压深度及重新定位。

5）可以由第三抢救者及更多的抢救人员轮换操作，以保持精力充沛、姿势正确。

二、创伤急救

1. 创伤急救的基本要求

（1）创伤急救原则上是先抢救，后固定，再搬运，并注意采取措施，防止伤情加重或污染。需要送医院救治的，应立即做好保护伤员措施后送医院救治。急救成功的条件是：动作快，操作正确，任何延迟和误操作均可加重伤情，并可导致死亡。

（2）抢救前先使伤员安静躺平，判断全身情况和受伤程度，如有无出血、骨折和休克等。

（3）外部出血立即采取止血措施，防止失血过多而休克。外观无伤，但呈休克状态，神志不清，或昏迷者，要考虑胸腹部内脏或脑部受伤的可能性。

（4）为防止伤口感染，应用清洁布片覆盖。救护人员不得用手直接接触伤口，更不得在伤口内填塞任何东西或随便用药。

（5）搬运时应使伤员平躺在担架上，腰部束在担架上，防止跌下。平地搬运时伤员头部在后，上楼、下楼、下坡时头部在上，搬运中应严密观察伤员，防止伤情突变。

2. 止血

（1）伤口渗血：用较伤口稍大的消毒纱布数层覆盖伤口，然后进行包扎。若包扎后仍有较多渗血，可再加绷带适当加压止血。

（2）伤口出血呈喷射状或鲜红血液涌出时，立即用清洁手指压迫出血点上方（近心端），使血流中断，并将出血肢体抬高或举高，以减少出血量。

（3）用止血带或弹性较好的布带等止血时，应先用柔软布片或伤员的衣袖等数层垫在止血带下面，再扎紧止血带以刚使肢端动脉搏动消失为度。上肢每 60min、下肢每 80min 放松一次，每次放松 1～2min。开始扎紧与每次放松的时间均应书面标明在止血带旁。扎紧时间不宜超过 4h。不要在上臂中 1/3 处和窝下使用止血带，以免损伤神经。若放松时观察已无大出血可暂停使用。

（4）严禁用电线、铁丝、细绳等作止血带使用。

（5）高处坠落、撞击、挤压可能有胸腹内脏破裂出血。受伤者外观无出血但常表现面色苍白，脉搏细弱，气促，冷汗淋漓，四肢厥冷，烦躁不安，甚至神志不清等休克状态，应迅速躺平，抬高下肢，保持温暖，速送医院救治。若送院途中时间较长，可给伤员饮用少量糖盐水。

3. 骨折急救

（1）肢体骨折可用夹板或木棍、竹竿等将断骨上、下方两个关节固定，也可利用伤员身体进行固定，避免骨折部位移动，以减少疼痛，防止伤势恶化。

开放性骨折，伴有大出血者，应先止血，再固定，并用干净布片覆盖伤口，然后速送医院救治。切勿将外露的断骨推回伤口内。

（2）疑有颈椎损伤，在使伤员平卧后，用沙土袋（或其他代替物）放置头部两侧使颈部固定不动。应进行口对口呼吸时，只能采用抬颏使气道通畅，不能再将头部后仰移动或转动头部，以免引起截瘫或死亡。

（3）腰椎骨折应将伤员平卧在平硬木板上，并将腰椎躯干及两侧下肢一同进行固定预防瘫痪。搬动时应数人合作，保持平稳，不能扭曲。

（4）骨折固定和注意事项：

1）骨折固定应先检查意识、呼吸、脉搏及处理严重出血。

2）骨折固定的夹板长度应能将骨折处的上下关节一同加以固定。

3）骨断端暴露时，不要拉动。

4）颅脑外伤

① 应使伤员采取平卧位，保持气道通畅，若有呕吐，应扶好头部和身体，使头部和身体同时侧转，防止呕吐物造成窒息。

② 耳鼻有液体流出时，不要用棉花堵塞，只可轻轻拭去，以利降低颅内压力。也不可用力擤鼻，排除鼻内液体，或将液体再吸入鼻内。

③ 颅脑外伤时，病情可能复杂多变，禁止给予饮食，速送医院诊治。

4. 烧伤急救

（1）电灼伤、火焰烧伤或高温气、水烫伤均应保持伤口清洁。伤员的衣服鞋袜用剪刀剪开后除去。伤口全部用清洁布片覆盖，防止污染。四肢烧伤时，先用清洁冷水冲洗，然后用清洁布片或消毒纱布覆盖送医院。

（2）强酸或碱灼伤应迅速脱去被溅染衣物，现场立即用大量清水彻底冲洗，要彻底，然后用适当的药物给予中和。冲洗时间不少于 20min。被强酸烧伤应用 5%碳酸氢钠（小苏打）溶液中和。被强碱烧伤应用 0.5%～5%醋酸溶液或 5%氯化铵或 10%枸橼酸液中和。

（3）未经医务人员同意，灼伤部位不宜敷搽任何东西和药物。

（4）送医院途中，可给伤员多次少量口服糖盐水。

5. 冻伤急救

（1）冻伤使肌肉僵直，严重者深及骨骼，在救护搬运过程中动作要轻柔，不要强使其肢体弯曲活动，以免加重损伤，应使用担架，将伤员平卧并抬至温暖室内救治。

（2）将伤员身上潮湿的衣服剪去后用干燥柔软的衣服覆盖，不得烤火或搓雪。

（3）全身冻伤者呼吸和心跳有时十分微弱，不应误认为死亡，应努力抢救。

6. 动物咬伤急救

（1）毒蛇咬伤后，不要惊慌、奔跑、饮酒，以免加速蛇毒在人体内扩散。

1）咬伤大多在四肢，应迅速从伤口上端向下方反复挤出毒液，然后在伤口上方（近心端）用布带扎紧，将伤肢固定，避免活动，以减少毒液的吸收。

2）有蛇药时可先服用，再送往医院救治。

（2）犬咬伤：

1）犬咬伤后应立即用浓肥皂水冲洗伤口，同时用挤压法自上而下将残留伤口内唾液挤出，然后再用碘酒涂搽伤口。

2）少量出血时，不要急于止血，也不要包扎或缝合伤口。

3）尽量设法查明该犬是否为"疯狗"，对医院制订治疗计划有较大帮助。

7. 溺水急救

（1）发现有人溺水应设法迅速将其从水中救出，呼吸心跳停止者用心肺复苏法坚持抢救。曾受水中抢救训练者在水中即可抢救。

（2）口对口人工呼吸因异物阻塞发生困难，而又无法用手指除去时，可用两手相叠，置于脐部稍上正中线上（远离剑突）迅速向上猛压数次，使异物退出，但也不用力太大。

（3）溺水死亡的主要原因是窒息缺氧。由于淡水在人体内能很快经循环吸收，而气管能容纳的水量很少，因此在抢救溺水者时不应"倒水"而延误抢救时间，更不应仅"倒水"而不用心肺复苏法进行抢救。

8. 高温中暑急救

（1）烈日直射头部，环境温度过高，饮水过少或出汗过多等可以引起中暑现象，其症状一般为恶心、呕吐、胸闷、眩晕、嗜睡、虚脱，严重时抽搐、惊厥甚至昏迷。

（2）应立即将病员从高温或日晒环境转移到阴凉通风处休息。用冷水擦浴，湿毛巾覆盖身体，电扇吹风，或在头部置冰袋等方法降温，并及时给员口服盐水。严重者送医院治疗。

9. 有害气体中毒急救

（1）气体中毒开始时有流泪、眼痛、呛咳、咽部干燥等症状，应引起警惕。稍重时会头痛、气促、胸闷、眩晕。严重时会引起惊厥昏迷。

（2）怀疑可能存在有害气体时，应即将人员撤离现场，转移到通风良好处休息。抢救人员进入险区应戴防毒面具。

（3）已昏迷病员应保持气道通畅，有条件时给予氧气吸入。呼吸心跳停止者，按心肺复苏法抢救，并联系医院救治。

（4）迅速查明有害气体的名称，供医院及早对症治疗。

第五章

电气设备倒闸操作安全风险管控

变电站电气设备倒闸操作，就是将电气设备由一种状态转变到另一种状态所进行的一系列操作的总称，其实质是进行电气设备状态间的转换。正确规范地执行倒闸操作制度是有效防止变电运维人员误操作的有力措施。那么如何正确、规范、有效地执行好倒闸操作制度，是变电运维管理工作的一项中心任务，也是变电运维作业危险点预控的一项重要内容。实际工作中电气设备倒闸操作涵盖面广，涉及电气设备类型多，需要与其他部门配合实施，作业风险较大。本章从倒闸操作作业条件、禁止事项、操作流程步骤和作业流程等方面着手，对倒闸操作"六要、七禁、八步、一流程"的倒闸操作执行规范进行了解释，对倒闸操作执行流程进行了详细介绍。从倒闸操作全过程各个环节入手，对人员资质、现场设备、现场指令、现场安全措施、执行凭证、使用工具等提出了规范化要求，并列出了作业过程中的禁止事项。对倒闸操作过程中可能出现的不规范行为进行警示，对倒闸操作的八个步骤进行明确和细化，并根据其先后顺序明确倒闸操作执行流程，制订了对应的具体操作细则，全过程指导作业人员按规范进行倒闸操作作业。

第一节 倒闸操作作业规范

一、倒闸操作的基本条件（六要）

倒闸操作对人员资质、现场标志、现场指令、现场票面、使用工具等都有严格要求，可以归纳为倒闸操作"六要"，具体为：

1. 要有考试合格并经批准公布的操作人员名单

（1）操作人和监护人应经培训考试合格，包括《安规》《电网调度规程》和《变电站现场运行规程》。

（2）操作人员是指经上级部门批准并公布的值长、正值、副值。

（3）两人进行监护操作时，由其中一人对设备较为熟悉者做监护。副值不得担任操作监护人。

（4）特别重要和复杂的倒闸操作宜由正值操作，值长监护。

（5）跟班实习变电运维人员经上级部门批准后，允许在操作人、监护人双重监护下进行简单的操作。

2. 要有明显的设备现场标志和相别色标

（1）所有电气设备（包括五小箱）均必须有规范、醒目的命名标志。

（2）现场一次设备要有相应调度命名的设备名称和编号。

（3）现场一次设备应有相别色标，隔离开关操作部件上应有转动方向，接地开关机械操作杆上应有黑色标志。

（4）现场二次转换开关、电流切换端子、切换片等应有切换位置指示。

（5）现场需要操作的一、二次设备命名应与现场运行规程、典型操作票内命名相一致。

（6）同屏上只有一个单元或回路，应标明该单元或回路的名称。两个及以上单元或回路的可标明大名称，屏前、屏后均应标明。

（7）控制 KK 开关旁应有完整的断路器命名，回路或间隔命名不能替代断路器命名。

（8）多单元或回路控制、保护屏后应有明显分隔线并标明该单元或回路名称，或者用不同颜色字（或底板）将二次设备命名加以区分。

（9）控制、保护屏后每一单元或回路的端子排上方，应标明该单元或回路名称。

3. 要有正确的一次系统模拟图

（1）变电站应具有与现场设备和运行方式相符的一次系统模拟图板。

（2）变电运维班应具有管辖变电站现场设备和运行方式相符的一次系统模拟图板（或各种电子接线图），电子接线图应具有模拟操作功能和显示标示牌等功能。

（3）一次系统模拟图板上应标明设备间隔的名称和编号，能确切标明设备实际状态，能标明接地线的装设位置和编号。

4. 要有经批准的现场运行规程和典型操作票

（1）变电站应制订《变电站现场通用规程》，并经上级审核批准，其内容必须与现场设备相符。《变电站现场通用规程》主要对变电站运行提出通用和共性的管理和技术要求，适用于本单位管辖范围内各相应电压等级变电站。

（2）变电站应制订《变电站现场专用规程》，其中，《变电站现场专用规程》包括《现场设备运行规程》和《典型操作票》，并经上级审核批准，其内容必须与现场设备相符。《变电站现场专用规程》主要结合变电站现场实际情况提出具体的、差异化的、针对性的管理和技术规定，仅适用于该变电站。

（3）变电站现场应备有本站的《变电站现场通用规程》和《变电站现场专用规程》。

5. 要有确切的操作指令和合格的倒闸操作票

（1）调度指令应符合现场设备状态，多个指令应符合顺序要求，下发正令时应有指令时间。

（2）变电站自行掌握的操作，必须由当班值班负责人发令，按规定填写操作票进行操作。

（3）操作前应正确填写操作票。事故应急处理时可不填写操作票，但应使用典型操作票或事故应急处理操作卡。事故应急处理的复役操作应根据调度指令填写操作票。

（4）操作票原则上由副值或操作人填写，经正值、值长审核合格，并分别签名。拟票人和审票人不得为同一人。

（5）跟班实习变电运维人员经上级部门批准后，允许在拟票人的指导下填写操作票并签名。

（6）应使用统一编号的操作票，操作票应事先连续编号印制，并按编号顺序使用。同一变电站或变电运维班的操作票一个年度内不得使用重复编号。计算机生成的操作票应在正式出票前连续编号。对于变电运维班，操作票也可采用"变电站名+数字编号"的形式分别连续编号。

（7）经计算机打印后的操作票，不论执行与否，均应保存。发令人、接令人、发令时间、操作时间、人员签名不得用计算机打印，应手工填写。

（8）直接应用的操作卡应经单位主管领导批准，并有相应管理制度。

（9）接受调控中心命令、向调控中心汇报时，应使用统一、确切的调度术语和操作术语，应使用普通话。

6. 要有合格的操作工具和安全工器具

（1）变电站应按规定配置个体防护装备、绝缘安全工器具、登高工器具、安全围栏（网）和标识牌等四大类安全工器具。如安全帽、护目镜、防毒面具、验电器、绝缘棒、绝缘靴、绝缘手套、梯子、安全围栏、红布幔、标识牌等，使用前应检查完好。其中绝缘安全工器具和登高工器具须定期试验合格。

（2）变电站应具有操作杆、扳手、电压表等操作工具，使用前应检查完好，适宜于操作。

（3）接地线数量应满足要求，规格符合现场实际。变电运维班接地线应统一编号，可以按班或变电站编号，不得重复。接地线须定置定放，并应定期试验合格，使用前应检查完好。

（4）变电站应具有完善的防误闭锁装置，对不具备防误闭锁功能的点应采取相应管理和技术措施加以防范。

二、倒闸操作禁止事项（七禁）

在倒闸操作作业实施过程中，作业人员会出现各种不符合规范及违章的行为，其中部分违章行为可能导致严重的后果，威胁人员、电网、设备安全。在此通过分析对倒闸操作人员的各类不规范及违章的行为的严重程度，总结归纳了倒闸操作的"七禁"，以此对倒闸操作过程中的一些不规范及违章行为进行警示，以达到安全规范作业的目的。倒闸操作的"七禁"具体内容如下：

1. 严禁无资质人员操作

（1）非经上级部门批准公布允许操作的人员不得进行倒闸操作。

（2）因故脱离运行岗位连续三个月以上者，未经重新考试合格，不得进行倒闸操作。

2. 严禁无操作指令操作

（1）没有值班调度员的操作指令，不得擅自对调控中心管辖设备进行倒闸操作。

（2）没有当班值班负责人的操作指令，不得擅自对变电站自行管辖设备或调控中心许可操作设备进行倒闸操作。

（3）事故应急处理可按各级《电网调度规程》和《现场运行规程》的规定执行。

3. 严禁无操作票操作

（1）正常操作时严禁不使用操作票进行倒闸操作。

（2）拉合断路器的单一操作可不用操作票，但应做好记录。

（3）事故应急处理可不用操作票，但应使用典型操作票或事故应急处理操作卡并逐项打勾。

4. 严禁不按操作票操作

（1）严禁不按操作票顺序进行跳项、漏项的打乱顺序操作。

（2）严禁不按每操作一项打一个勾的原则进行操作。

（3）操作过程中发生疑问时，应立即停止操作并向发令人汇报，严禁擅自更改操作票内容进行操作。

（4）操作过程中因故终止操作，应在操作票相应栏目盖章并在"备注"栏内说明终止原因。

5. 严禁失去监护操作

（1）监护操作时严禁失去监护进行倒闸操作。

（2）单人操作应按《安规》规定执行。

6. 严禁随意中断操作

（1）在操作过程中严禁随意中断操作，从事与操作无关的事。

（2）确因故中断操作，恢复时必须重新核对当前步的设备命名（位置）并唱票、复诵无误后，方可继续进行。

7. 严禁随意解锁操作

（1）严禁未经批准解除防误闭锁装置进行操作，单人操作严禁解锁。

（2）操作过程中发生疑问时，应立即停止操作并向发令人汇报，不准擅自解除防误闭锁装置进行操作。

（3）动用紧急解锁钥匙操作应由当班负责人报告地市公司变电运维部门副主任或县供电公司生产分管领导，经领导指派的防误操作装置专责人到现场核对无误，确认需要解锁操作，签字同意，当班负责人报请领导批准并报告当值调度员后，做好相应的安全措施，方可进行解锁操作。

三、倒闸操作步骤（八步）

运行倒闸操作作业有一定特殊性，作业环节上严密性要求较高，关键环节上不得有颠倒或错误。根据倒闸操作特点，对倒闸操作分八步骤进行明确和细化，根据其先后顺序要求形成倒闸操作执行流程（见图 1–1）。

倒闸操作的"八步"如下：

第一步：接受调控中心预令，填写操作票。

第二步：审核操作票正确。

第三步：明确操作目的，做好危险点分析和预控。

第四步：接受调控中心正令，模拟预演。

第五步：核对设备命名和状态。

第六步：逐项唱票复诵操作并勾票。

第七步：向调控中心汇报操作结束及时间。

第八步：改正图板，签销操作票，复查评价。

四、倒闸操作现场执行规范

倒闸操作现场执行规范见表 5–1。

表 5–1 倒闸操作现场执行规范

操作流程	序号	内容	标　准	备　注
填写操作票	1	接受操作预令	1. 开启录音设备，互报所名（或站名）、姓名。格式：××变电站（或变电运维班），×××。 2. 高声复诵。格式：接受预令： ① …… ② …… 3. 了解操作目的和预定操作时间，即在运行日志中记录。格式：××时××分：××（调控中心）×××（调度员），预令： ① …… ② …… 操作目的、预定操作时间。 4. 审核预令正确性，如发现疑问，应及时向发令人询问清楚	1. 调控中心操作预令应由正值及以上岗位当班运维人员接令。 2. 对直接威胁人身或设备安全的调控中心指令，运维人员有权拒绝执行，并将拒绝执行命令的理由，报告发令人和本单位领导。 3. 如调控中心发令时有调令号，也应复诵和记录。 4. 第 3 点格式中的时间是指调控中心发预令的时间
	2	布置开票	1. 接令人向值长汇报接令内容。 2. 接令人或值长向拟票人布置开票，交待必要的注意事项，拟票人复诵无误	值长不在或没有值长，由正值向拟票人布置开票
	3	查对图板和状态	1. 查对一次系统图，核对实际运行方式，参阅典型操作票。 2. 必要时应查对设备实际状态，查阅相关图纸、资料和工作票安全措施要求等	
	4	填写操作票	1. 拟票人认真拟写操作票，自行审核无误后在操作票上签名，并交付审核。 2. 拟票人在填写操作票时发现错误应及时作废操作票，在操作票上签名，然后重新拟票	1. 作废操作票按国家电网公司《变电站管理规范》3.2.5.10 条规定执行。 2. 对于拆除接地线的操作，应在拟票时将接地线编号填入操作票内，并与装设时的编号相一致

操作流程	序号	内容	标　准	备　注
审核操作票	1	当值审票	1. 当值人员逐级对操作票进行全面审核，对操作步骤进行逐项审核，是否达到操作目的，是否满足运行要求，确认无误后分别签名。 2. 审核时发现操作票有误即作废操作票，令拟票人重新填票，然后再履行审票手续	1. 审核按先正值、后值长的次序进行，值长不在或没有值长，正值审票即可。 2. 作废操作票按国家电网公司《变电站管理规范》3.2.5.10 条规定执行
审核操作票	2	下值审票	1. 交接班时，交班人员应将本值未执行操作票主动移交，并交待有关操作注意事项。 2. 接班人员应对上一值移交的操作票重新进行审核	对于上一值已审核并签名的操作票，下一值审核正确可不再签名。如审核发现错误后作废操作票，应在"备注"栏签名并重新填写操作票
危险点预控	1	明确操作目的	值长向正值和副值讲清楚本次操作的目的和预定操作时间。	值长不在或没有值长，由接令人负责讲清楚
危险点预控	2	危险点分析预控	由值长组织，查阅危险点预控资料，同时根据操作任务、操作内容、设备运行方式和工作票安全措施要求等，共同分析本次操作过程中可能遇到的危险点，提出针对性预控措施。此内容可写入操作票"备注"栏内	值长不在或没有值长，由正值组织
接受调控中心正令	1	接受操作正令	1. 开启录音设备，互报所名（或站名）、姓名。 格式：××变电站（或集控站），×××。 2. 高声复诵。 格式：接受正令： ①…… ②…… 3. 经调控中心认可，由调控中心发出："对，执行，发令时间××点××分"，即在《运行日志》中记录。 格式：××时××分××（调控中心）×××（调度员）正令： ①…… ②…… 4. 核对正令与原发预令和运行方式是否一致，如有疑问，应向调控中心询问清楚	1. 调控中心操作正令应由正值及以上岗位当班运维人员接令，宜由最高岗位运维人员接令。 2. 开启录音设备时应同时扩音，相关人员应进行监听。如录音设备没有扩音功能，接令后应回放录音，核对接令正确。 3. 如调控中心发令时有调令号，也应复诵和记录。 4. 第 3 点格式中的时间即为调度发令时间。 5. 调度直接发正令时应明确操作目的
接受调控中心正令	2	签名并确认操作方式	1. 接令人在操作票上填写发令人、接令人、发令时间。 2. 接令人向值长汇报接令内容。 3. 接令人或值长在操作票"值班负责人（值长）"栏签名。 4. 接令人或值长根据操作内容确认操作方式（监护下操作、单人操作、检修人员操作），并在操作票相应栏目前打"√"	谁布置操作命令谁在"值班负责人（值长）"栏签名和确认操作方式
接受调控中心正令	3	布置操作任务	接令人或值长向监护人和操作人面对面布置操作任务，并交待操作过程中可能存在的危险点及控制措施。 格式：××（调控中心）有××个操作任务： ①…… ②…… 现在开始操作	1）值长不在或没有值长，由接令人直接布置操作任务。 2）布置操作任务采用口头方式
接受调控中心正令	4	复诵并核对签名	监护人（或操作人）复诵无误，接令人或值长发出"对，可以开始操作"命令后，监护人、操作人依次在操作票上"监护人"和"操作人"栏签名	接令人或值长为本操作监护人时，由操作人复诵

操作流程	序号	内容	标　　准	备　　注
接受调控中心正令	5	准备操作工器具	1. 准备扳头、手柄、短路片、防误装置普通钥匙等操作工具。 2. 准备绝缘手套、绝缘靴、验电器、接地线、梯子等安全用具	预先明确的操作任务可提前准备
	6	模拟预演	1. 监护人逐项唱票，操作人逐项复诵，检查所列项目的操作是否达到操作目的，核对操作正确。 2. 根据操作票内容进行微机五防预演，核对正确后传票	微机五防传票可视作模拟预演
核对设备命名	1	常规设备	1. 监护人根据操作票上设备命名，取下需操作设备钥匙，仔细核对钥匙上命名与操作票上设备命名相符。 2. 在第一步开始操作前，由监护人发出"开始操作"命令，记录操作开始时间，并提示第一步操作内容。 3. 操作人走在前，监护人走在后，到需操作设备现场。 4. 操作人找到需操作设备命名牌，用手指该设备命名牌读唱设备命名。 5. 监护人随操作人读唱默默核对该设备命名与操作票上设备命名相符后，发出"对"的确认信息。 6. 由监护人核对设备状态与操作要求相符，此时操作人应保持在原位不动。 7. 监护人将该步操作钥匙交给操作人，操作人核对钥匙上命名与操作设备命名相符	1. 钥匙包括断路器指令牌、门锁钥匙、防误装置普通钥匙、电脑钥匙等。 2. 如果是操作箱内或屏内设备，应先双方核对箱名或屏名正确，然后由操作人打开箱门或屏门，再次核对箱内或屏内命名
	2	后台监控设备	1. 在第一步开始操作前，由监护人发出"开始操作"命令，记录操作开始时间，并提示第一步操作内容。 2. 操作人走在前，监护人走在后，到后台监控机前。 3. 操作人进入操作画面，找到需操作设备的图标，用手指该设备的图标读唱设备命名。 4. 监护人随操作人读唱默默核对该设备命名与操作票上设备命名相符后，发出"对"的确认信息。 5. 双方核对设备状态与操作要求相符	操作过程中还需按操作界面提示多次核对设备命名
实际操作	1	执行操作	1. 监护人按操作票的顺序，高声唱票。 2. 操作人根据监护人唱票，手指操作设备高声复诵。 3. 操作人根据复诵内容，对有选择性的操作应作模拟操作手势。 4. 监护人核对操作人复诵和模拟操作手势正确无误后，即发"对，执行"的指令。 5. 操作人打开防误闭锁装置。 6. 操作人进行操作。 7. 操作人、监护人共同检查操作设备状况，是否完全达到操作目的。 8. 操作人及时恢复防误装置。 9. 监护人在该步操作项打"√"。	1. 操作人手指设备原则规定：手动操作设备，手指操作设备命名牌。电动操作设备，手指操作按钮。后台监控机上操作设备，手指操作画面。检查设备状态，手指设备本身。装拆接地线，手指接地线导体端位置。操作二次设备，手指二次设备本身。 2. 有选择性的操作是指具有方向性或选择性的操作，如手动操作隔离开关、按钮操作断路器、切换片切换、电流端子切换等。 3. 操作中防误闭锁装置失灵或操作异常时应按规定办理解锁手续。不准擅自更改操作票，不准随意解除闭锁装置。 4. 因故中断操作后，在恢复时必须在现场重新核对当前步的设备命名并唱票、复诵无误后，方可继续操作。

操作流程	序号	内容	标　准	备　注
实际操作	1	执行操作	10. 监护人在原位置向操作人提示下步操作内容，再一起到下一步操作间隔（或设备）位置。 11. 在该项任务全部操作完毕后，应核对遥信、遥测正常。 12. 监护人在操作票上记录操作结束时间	5. 操作中发生疑问或出现异常时，应立即停止操作并向发令人报告。查明原因并采取措施，待发令人再行许可后方可继续操作。 6. 在操作过程中因故中断操作，其操作票中未执行的几项"打勾"栏盖"此项不执行"章，未执行的各页"操作任务"栏盖"作废"章，并在"备注"栏内注明中断原因。 7. 由于设备原因不能操作时，应停止操作，检查原因，不能处理时应报告调控中心和生产管理部门。禁止使用短接线、顶接触器等非正常方法强行操作设备。如确因系统必须，则应由变电运行部门主任批准，必要时由单位总工程师批准，并记入《运行日志》
操作汇报	1	汇报值长	1. 监护人向值长汇报操作情况及结束时间，并将操作票交给值长。 格式：××时××分，……操作完毕，情况正常，……。 2. 值长检查操作票已正确执行	1. 值长不在或没有值长，监护人可向汇报调控中心的运维人员汇报，也可自己直接向调控中心汇报。 2. 第1点格式中的时间为操作结束时间。 3. 值长不在或没有值长，检查操作票应由汇报调控中心的运维人员进行。 4. 如果调控中心多个正令任务一起下发，则允许将这些任务全部操作完毕后一并向值长汇报
	2	汇报调控中心	1. 向当值调控中心汇报操作情况：开启录音机，互报所名、姓名。 格式：操作汇报，操作任务1.……，2.……，已操作完毕，时间：××点××分。 2. 汇报人核对调度员复诵无误，即记录《运行日志》。 格式：××时××分，上述任务操作完毕，汇报××（调控中心）×××（调度员）	1. 汇报调控中心应由正值以上岗位运维人员进行，原则上由原接正令人员向调控中心汇报。 2. 第1、2点格式中的时间为操作结束时间。 3. 如果调控中心多个正令任务一起下发，应将这些任务全部操作完毕后一并向调控中心汇报。 4. 操作任务（命令）执行完毕的时间、汇报，在运行日志上的记录，可接在接令任务的后面或下一行
签销操作票	1	改正图板	1. 操作人改正图板或将一次系统图对位，监护人监视并核查。 2. 如果使用电脑钥匙操作，应将钥匙内操作信息回传	图板应包括控制屏上模拟小断路器、一次模拟图等
	2	盖章和记录	1. 全部任务操作完毕后，由监护人在规定位置盖"已执行"章。 2. 记录《倒闸操作记录》等相关内容。 3. 将指令牌、钥匙、操作工具和安全用具等放回原处	
	3	复查评价	1. 全部操作完毕后，值长宜检查设备操作全部正确。 2. 值长宜对整个操作过程进行评价，及时分析操作中存在的问题，提出今后改进要求	

第二节　典　型　操　作　票

典型操作票是变电站现场必备的专用规程，是现场填写操作票的参考依据，作为变电站现场安全技术管理最基本、最重要的一环，典型操作票的正确性对保证倒闸操作作业安全具有重要意义。典型操作票的编写、修订应满足《安规》和《电网调度规程》的要求，并应结合变电站一、二次设备实际情况、继电保护整定单、现场运行注意事项、有关图纸以及检修、继保校验人员填写的注意事项等有关要求。典型操作票必须使用标准的"调度操作术语"和"设备命名"（设备名称和编号），使用的设备命名应以调度命名、图纸、设备实际功能为依据。经审批的典型操作票应作为新建变电站投运时的必备条件之一，改、扩建工程的典型操作票修改、审批应与设备投运同步。

一、典型操作票任务管理

典型操作票的操作任务和任务顺序由负责设备管辖的调控中心管理的调控中心部门提出，或者变电站与调控中心协商后由调控中心单位提出，但两种方法提出的任务和任务顺序均必须经调控中心部门技术负责人审定合格，并对其正确性负责。

二、典型操作票的编写审核

编写变电站典型操作票应根据调控中心部门提供的操作任务和任务顺序，由变电站所辖运维班班长或班长指定的变电运维人员（值长及以上）编写，并对具体的操作步骤正确性负责。典型操作票编写完成后，由站内全体变电运维人员自审合格并由各正值、值长签名，然后由运维班班组管理人员审核正确无误签名，审核人员对操作步骤的正确性负责。典型操作票一式二份再交设备运维管理单位运维检修部和调控中心相关专职审核签名，并对典型操作票的原则正确性负责。典型操作票的审核工作一般应在编写完成后一个月内完成。

三、典型操作票批准

经上级设备运维管理单位运维检修部和调控中心相关专职审核签名后的典型操作票，220kV 及以上电压等级变电站的典型操作票还需经本单位领导批准，审批时间不应超过 30 天。110kV 及以下电压等级变电站的典型操作票由地市公司或县公司变电运维部门分管领导批准，报地市公司设备运维管理单位运维检修部和调控中心备案。

四、典型操作票的动态管理

变电站的典型操作票，应有所辖变电运维班的班长、班组技术负责人（或班长指定的值长）两人负责，应负责每季度动态检查一次管辖变电站的典型操作票。主要是为了始终保持所辖变电站的典型操作票正确完好，如有设备变动应及时修正典型操作票并完成审核程序。变电运维部门应每年组织审核一次，经审核不作变动的，由变电运维部门技术负责人签名，变电运维部门应出具"可以继续执行"的书面依据。典型操作票的修改主要按下列原则进行。

（1）典型操作票每隔三至五年应重新修订、审批、出版一次。若有重大或原则上的修改时，应缩短修订、审批、出版时间。

（2）仅涉及设备命名及操作术语上的修改或增减单一线路的操作之类的一般性修改，由变电运维班班组管理人员随时进行，变电运维部门技术负责人审核签名，并做好规范的修改记录。

（3）若牵涉重大或原则上的修改，应在修改后重新履行规定的审核与审批手续。

（4）典型操作票修改后，需在修订说明中标明与生产管理系统（PMS）内的典型操作票同步的计划日期。

五、典型操作票编制说明

（1）同一变电站中相同性质的回路，若其设备配置相同时可以相互套用，否则必须分别编写典型操作票，不能相互套用。

（2）旁路代各线路（包括带主变压器回路）的典型操作票必须分别编写。

（3）操作步骤的内容与顺序必须与操作任务的内容与顺序相对应，操作步骤的内容与顺序不得颠倒或跳越。

第三节　倒闸操作现场执行要求

倒闸操作的现场执行主要是根据倒闸操作基本步骤和倒闸操作流程，明确倒闸操作过程中各个环节的具体规范执行要求，目的是为了防止误操作和操作不当造成人身伤害，具体见附表。

一、实际执行中的几个重点关口

（1）倒闸操作中防误装置发生异常时，应立即停止操作，并向调控中心当值调度员报告。由当班负责人或班组管理人员初步查明原因，并报告地市公司变电运维部门副主任及以上领导，经领导指派的防误操作装置专责人到现场核对无误，确认需要解锁操作，签字同意，当班负责人报请领导批准并报告调控中心当值调度员后，做好相应的安全措施，方可进行解锁操作。

（2）变电站如遇工程扩建、改建，班组管理人员应根据工程进度及时做好模拟图板的修订工作，确保与现场方式相符。变电运维人员交接班时，不要忽视对图板的交接。

（3）现场接地点分布核对工作应做到准确无误，设备验收时要求施工单位移交状态必须符合规定。

（4）操作前，应根据工作性质、操作目的、投产启动方案等，确定最佳操作方案，拟订和审核倒闸操作票。

（5）拟订、审核操作票，首先考虑一次倒排方式正确（特别是复电范围内接地点的分布情况），再考虑公共保护的影响及本操作间隔保护配置的调整要求。

（6）操作中有疑问必须停止操作，并汇报当值值长（必要时汇报班组管理人员），进行必要的分析处理。

（7）新设备投产前做好投产状态检查核对工作（包括标志），正式操作前，再次核对一、二次设备状态（包括定值区），符合投产要求。

（8）模拟操作预演目的应明确，应手动心到，检验操作步骤的合理性、正确性。

（9）三核对工作到位，首先做到操作间隔、设备命名的核对正确，再做到设备状态正确。

（10）操作过程中的操作提示及操作位置因故变动，重新回到原位，必须再次确认间隔、设备命名正确，检查上一步操作完成情况。

二、"六要八步"口诀

（1）操作目的要明确，掌握运方再拟票。

（2）操作前细核运方，运方改变步骤乱。

（3）隔值操作互审票，安全互保有落实。

（4）审核有错及时改，MIS 修改需保存，正确无误再打印。

（5）危险点分析勿少，事故防范有重点。

（6）操作准备要充分，来回往返留隐患。

（7）安全用具正确用，珍惜生命最重要。

（8）规范执行每一步，事故教训已很多。

（9）提前打勾、漏打勾，跳项操作最危险。

（10）确认间隔要正确，提示操作来指路。

（11）紧急解锁要慎用，先行分析再确认，没有批准不执行。

（12）因故变位再操作，先要检查上一步，重认命名找对象。

（13）后台监视很重要，发现问题早处理。

（14）若有疑问要停止，共同分析来把关，继续操作有许可。

（15）后台操作要小心，鼠标点错酿大祸。

（16）操作检查很重要，没有确认不打勾。

（17）异常处理要谨慎，职责界线要分清，措施落实安全保。

（18）监护操作要协调，眼到口到心也到。模拟动作不能省，未给许可不执行。

（19）操作之前先预演，首先方式要一致。预演结束要消票，预演通过再执行。

（20）电脑钥匙维护好，信息回传勿要忘。造成运方不一致，操作安全难保证。

（21）强制对位很危险，分析到位再确认，对位以后要取消，方式一致最重要。

第四节　倒闸操作过程中的紧急解锁

一、紧急解锁的执行

电气设备必须具备完善的防误装置，并按规定或设计要求的程序投入运行。在倒闸操作中防误闭锁装置出现异常，必须停止操作，应重新核对操作步骤及设备编号的正确性，查明原因，确系装置故障且无法处理时，履行审批手续后方可解锁操作。并应立即停止操作并向调控中心当值调度员报告，经查明原因，由变电运维部门领导指定的防误专责人现场确认无误后，才能按紧急解锁工具的使用规定进行解锁操作：

（1）第一类为操作中装置故障解锁。指在正常操作过程中，操作正确但防误闭锁装置（系统）故障进行的解锁操作（包括使用微机防误的人工置位授权密码）。由当班负责人报告地市公司变电运维部门副主任及以上领导，经领导指派的防误操作装置专责人到现场核对无误，确认需要解锁操作，签字同意，当班负责人报请领导批准并报告调控中心当值调度员后，做好相应的安全措施，在现场确认人员的监护下方可进行，方可进行解锁操作。同时执行解锁记录的有关规定。用后应立即封存，未经批准不得再次使用。

（2）第二类为操作中非装置故障解锁。指在非正常运行状态下或采用非正常操作顺序（程序），且防误闭锁装置（系统）无故障进行的解锁操作（包括使用微机防误的人工置位授权密码）。由当班负责人报告地市公司变电运维部门副主任及以上领导，经领导指派的防误操作装置专责人到现场核对无误，确认需要解锁操作，签字同意，当班负责人报请领导批准并报告调控中心当值调度员后，做好相应的安全措施，在现场确认人员的监护下方可进行，方可进行解锁操作。同时执行解锁记录的有关规定。用后应立即封存，未经批准不得再次使用。

（3）第三类为配合检修解锁。指在检修、验收工作过程中，配合检修工作需要进行的解锁。由检修工作负责人现场确认无误后向工作许可人提出申请，并经站（所）长批准，做好相应的安全措施，方可进行解锁。工作结束，双方应确认解锁设备已恢复正常。

（4）第四类为运行维护解锁。指防误闭锁装置、钥匙箱、机构箱、开关柜等检查、维护需要，但不进行实际操作的解锁。由维护工作负责人现场确认无误后向当班负责人提出申请，并经站（所）长批准，做好相应的安全措施，方可进行解锁，但不得进行任何形式的实际操作。维护工作结束，立即恢复正常。

（5）第五类为紧急（事故）解锁。指遇有危及人身、电网和设备安全等紧急情况需要进行的解锁。经当班负责人或站（所）长批准，报告调控中心当值调度员后进行解锁操作，并及时向分管生产领导汇报。

二、防误装置解锁卡使用

防误装置解锁卡是现场解除防误闭锁的凭证。因工作需要或操作过程中需进行解锁时，使用防误装置解锁卡可实现对紧急解锁工具规范化管理。通过规范审批、规范记录、解锁完毕及时恢复等控制措施，控制工作许可和操作过程中的解锁操作安全，防止随意动用解锁工具。

履行审批手续后，需使用防误解锁时，现场确认人在确认栏亲笔签名。由解锁人员填写解锁类型、使用时间、操作内容、解锁工具、解锁对象、解锁及恢复、解锁原因、申请使用人、现场确认人、批准人、恢复时间、恢复人，方可执行解锁并打勾确认。解锁完毕，将解锁钥匙放归解锁钥匙箱封存。由解锁人填写解锁恢复执行人栏目内容，并在"恢复栏"打勾确认。

三、紧急解锁工具智能管理系统应用

为满足"五防"要求，现场的电气设备采用了各种形式的机械程序锁、电磁锁闭锁及微机防误系统，他们分别以机械程序联动闭锁、电气电磁回路闭锁、微机闭锁等方式来实现系统整体闭锁要求，为电力安全提供了必要且可靠的五防闭锁保障。但也带来了一些不容忽视的问题，如机械程序锁解锁钥匙多，容易造成钥匙存放的混乱。电磁锁和微机程序锁由于使用万能钥匙无法保证操作人员在解锁过程中一对一解锁，容易在解锁过程中出现误解锁。紧急解锁工具智能管理系统的应用有效地解决了上述问题，可实现完善的"一对一"解锁功能，同时具有紧急解锁工具的综合管理功能。

系统由解锁钥匙管理主机、智能解锁钥匙、解锁钥匙和五防锁具组成，系统结构如图 5-1 所示。

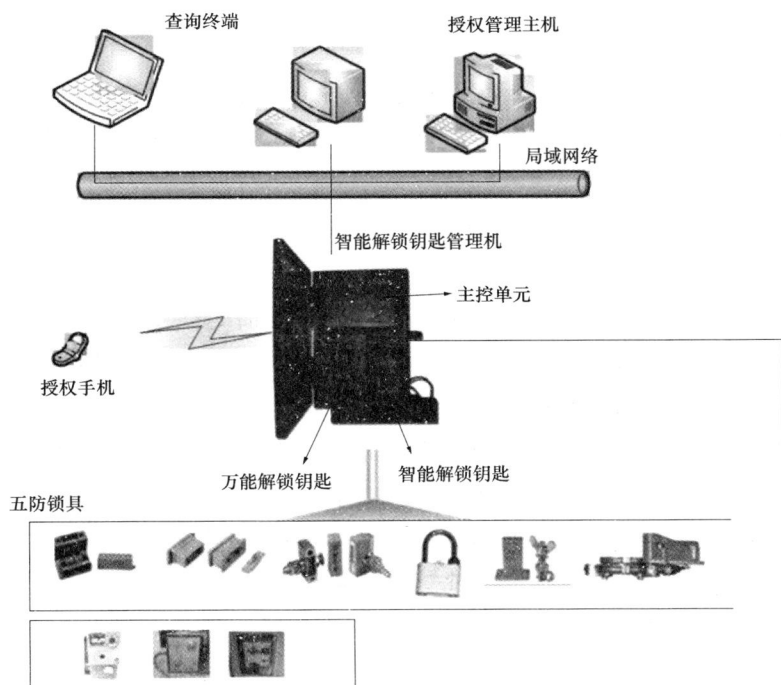

图 5-1　紧急解锁工具智能管理系统结构图

在管理系统软件中，预先编写了电气一次系统接线图，并固化为防误操作逻辑程序。变电运维人员在五防主机上指定解锁设备，然后通过确认人（防误装置专责人）现场核实无误，插入 IC 卡或输入密码，通过 GSM 短信或者网络发送给管理员授权。授权人授权成功后，并通过就地监护人监护，系统将解锁操作序列传送到智能解锁钥匙或开放指定程序锁解锁钥匙，解锁钥匙只能解除指定五防锁具，解锁完成后智能解锁钥匙自动完成解锁信息传输和保存。智能解锁系统只对授权的设备进行解锁，保证解锁操作的唯一性，防止走错间隔和杜绝乱解锁行为。若遇危及人身、电网和设备安全等紧急情况需要解锁操作，可使用万能解锁钥匙，万能解锁钥匙可通过管理员刷卡和敲碎万能钥匙箱门取出。

第五节　倒闸操作票票面执行规范

一、操作票填写规范

（1）编号栏：生产管理系统（PMS）拟写操作票由系统自动生成。操作票编号由变电运维班或变电站统一编号并逐号打印，保证编号唯一性。

（2）发令人栏：由变电运维班或变电站接受调度正令人员填写调度正令发令人姓名。对于省调调度由变电运维班转发令时，由现场操作接转发正令人填写发令人。

（3）受令人栏：由变电运维班或变电站接受调度正令人员填写其姓名。对于省调调控中心由变电运维班转发令时，由现场操作接转发正令人填写其姓名。

（4）发令时间栏：由变电运维班或变电站接受调控中心正令人员填写调控中心正令发令时间。对于省调调控中心由变电运维班转发令时，由现场操作接转发正令人填写调度正令发令时间。

（5）操作任务栏：由拟票人填写调控中心下发的需操作的变电站名及具体操作任务。

（6）签名栏：接受预令后由拟票人拟写操作票（包括填写调令号），确认无误后，在"拟票人"栏签名（对于计算机打印的操作票，应在打印后签名），然后交正值审核。正值、值长先后审核操作票，确认无误后，分别在"审核人"栏内签名。接受正令后，接令人在操作票上填写：发令人、接令人、发令时间，并在"值长（或监护人）"栏签名。接令人向监护人和操作人面对面发布操作命令（如无值长，为监护人向操作人发布命令），监护人（或操作人）复诵无误，待接令人发出"对，操作"命令后，依次在操作票上"监护人"和"操作人"栏签名。

（7）操作开始时间栏：接受正令后由监护人和操作人进行模拟预演，并传输操作票。值长进行监护，核对正确后，监护人发出"开始操作"命令并记录操作开始时间。

（8）操作步骤栏：监护人操作人按操作票的顺序逐一唱票、复诵、监护、操作、检查。该项步骤操作完成后监护人在该步操作项前打"√"。

（9）操作结束时间栏：在该操作票任务全部操作完毕后，监护人在操作票上记录操作终了时间。

二、操作票执行规范

操作票执行中印章使用，见表5-2。

表 5-2 操作票中印章使用说明

印章名称	用 途	位 置	备 注
已执行	1. 操作任务已全部执行完毕 2. 操作中途发生故障无法继续操作	1. 在操作票最后一步下边一行顶格居左加盖"已执行"章。 2. 若最后一步正好位于操作票的最后一行，在该操作步骤右侧加盖"已执行"章。 3. 在操作票执行过程中因故中断操作，应在已操作完的步骤下边一行顶格居左加盖"已执行"章	在操作票执行过程中因故中断操作，应在已操作完的步骤下边一行顶格居左加盖"已执行"章，并在备注栏内注明中断原因
合格 不合格	合格性评性	在操作票备注栏内右下角加盖"合格""不合格"评议章并签名	检查为错票，在操作票备注栏内右下角加盖"不合格"评议章并签名，并在操作票备注栏说明原因
作废	注销无效票和错票	操作任务栏内右下角加盖"作废"章	1. 操作票"作废"后，并在备注栏内注明作废时间、通知作废的调控人员姓名和受令人姓名。 2. 若作废操作票含有多页，应在各页操作任务栏内右下角均加盖"作废"章，在作废操作票首页"备注"栏内注明作废原因，自第二张作废页开始可只在"备注"栏中注明"作废原因同上页"
未执行	调控中心收回预令	操作任务栏右下角加盖"未执行"	若此操作票还有几页未执行，应在未执行的各页操作任务栏右下角加盖"未执行"章

1. 操作票评价

（1）操作票评价分班组自评和变电运维部门复评两级。班组自评每月一次，在被评月的次月10日前完成。变电运维部门复评每季一次，在每季后一个月内完成，评价后应在票面规定位置加盖"合格"或"不合格"章。班组在自评后，应按月统计合格率，填写"月两票评价统计表"，并分析本期存在的优缺点，提出下阶段改进意见。变电运维部门复评后，可不再重新评价统计。在变电运维部门复评后，班组应按季统计合格率，填写"季两票评价统计表"，并提出分析和改进意见，对变电运维部门复评时发现的不合格票应注明票的编号和原因，并进行重点分析。对"作废"票应按变电运维部门规定进行班组内部考核，对突出问题提出分析和改进意见。

（2）倒闸操作票评价统计表使用统一的两票评价页面，随操作票按月按编号顺序装订，并按下列格式填写后作封面（见图5-2），放在操作票首页。

国网××供电公司

年　月份　　　　　　　　　　倒闸操作票评价统计表

××变电运维班　　　　　　　　　　　　　　　　　统计人：×××

本月操作票编号：			；操作任务共　　份；操作步骤共　　步		
合　格　票 共　份			已执行　　份　其中许可任务票：　　份		
			未执行　　份　其中许可任务票：　　份		
不合格票份数	共　　份		作废票份数	共　　份	
本期合格率		%	评价日期	年　月　日	
不合格票编号	不合格票人员归属	不 合 格 理 由			
本期存在的 优缺点					
下阶段 改进意见					

变电站	合格票份数	不合格票份数	作废票份数	许可任务票份数
××变电站				
××变电站				
××变电站				
××变电站				
××变电站				
××变电站				

图 5-2　倒闸操作票评价统计表样例

（3）要求操作票评价页统计数据正确、所有栏目填写完整，包括本期操作情况、本期存在的优缺点、下阶段改进意见、总结本年度工作（操作）情况。

（4）操作票月度、季度、年度评价中有效操作票编号为当月、季度、年度所有操作票编号，包括作废票。

2.操作票票面评价

（1）评价为不合格操作票。

1）操作任务填写错误或不正确。

2）发令人、受令人姓名未填。

3）未按格式要求完整填写时间或填写时间有错误。

4）操作方式未打勾或打勾不正确。

5）操作步骤栏有以下情况：

① 实际步骤与操作任务不符。

② 字迹模糊不清，涂改过多者。

③ 不用钢笔或圆珠笔填写或字迹潦草不清者。

④ 非关键字的错漏涂改遗补，允许按错字总数计算，每四步不得超过一字。少于四步不准涂改。关键字是指含意截然相反、设备名称或地点不明确。

6）操作步骤内容错误，有可能造成事故、障碍或事故扩大，设备损坏及威胁人身安全等违反操作原则者。

① 步骤颠倒。步骤颠倒、用调整记号进行调整。

② 未按统一命名、统一术语填写或设备名称编号不正确。

③ 应列入操作票内容的操作未写入票。

④ 应装（拆）的接地线编号未填写或与实际不符。

⑤ 发现了漏项进行增添。

⑥ 未打勾或遗漏几项未打勾、多打勾。

⑦ 拟票、审票，操作、监护人栏未签名或未签全名。

⑧ 使用的印章名称错误。

⑨ 操作票编号有缺页（缺一张计一张不合格，因故缺页不统计在内，需说明原因）。

（2）评价为不规范操作票。

1）发令人、受令人姓名错误或涂改。

2）时间填写有涂改。

3）打勾出格。

4）应有"备注"说明的，未在"备注"栏中说明或说明不清楚。

5）多页操作票，未按要求在规定栏目中填写"接下页""接上页"。

6）印章加盖位置不正确、印章不使用红色印泥。

第六节　倒闸操作安全风险控制

一、倒闸操作的风险概述

倒闸操作包括一次设备和二次设备操作，一次设备主要包括断路器、隔离开关、接地开关等操作。二次设备操作包括压板、切换片、定值区等的操作。倒闸操作的主要风险是误操作事故和人身伤害事故。倒闸操作的风险预控是指通过危险源辨识、风险评估和控制等途径来实现的，对倒闸操作安全管理中涉及的人、机、料、法、环等因素和操作过程中可能导致人身伤害或人为责任事故（主要侧重于误操作）的风险进行分析判断，制订针对性防范措施，实现科学管理和现场操作程序化、规范化、标准化，达到防止事故发生的目的。

风险根据其存在的属性分类，基本可分成静态风险和动态风险两大类，但两者是相对的，在一定条件下会相互转化。

（1）静态风险是指客观存在且短时间内不易改变的风险。一般管理制度、作业环境和设备方面存在的风险多属此类。这类风险大多是由于设计不完善或制造和安装检修质量不良造成，比较明显直观，不整改无法消除，并对施工作业产生长期的影响。主要涉及装置性违章（如操作场所照明不足，上下楼梯、平台防护装置不完善，人员技能素质低下，开关室通风设施不符合要求，防误装置设计不完善等）和管理性违章（如管理制度不完善等）。

（2）动态风险是指伴随作业过程而产生且随时可能发生转化的风险。一般行为方面的风险多属此类。这类风险一般不够明显，往往随着时间的推移或外部条件的变化才出现。主要涉及行为性违章（没有按规范进行倒闸操作，操作时注意力不集中，操作中途接打电话、发短信等）和管理性违章（如违章指挥等）。

二、倒闸操作风险预控的基本内容

倒闸操作风险预控主要包括辨识、评估和控制三个主要环节。通过危险源辨识可以让每一个员工掌握工作中的危险因素，增强员工的安全意识，提高对风险的防范水平。通过风险评估可以让管理层和作业人员对风险的严重程度及可能产生的后果有具体的认识，丰富和完善风险数据库，同时也可作为落实下一步检修或技改计划，提高工作效率的理论依据。通过风险控制可以避免事故的发生，提高企业的安全管理水平。

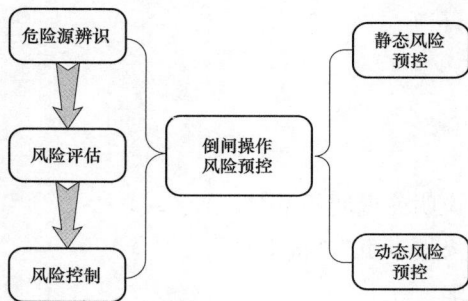

图 5-3　倒闸操作风险预控基本框架

风险预控根据风险的基本分类分为静态风险预控和动态风险预控，即通过辨识、评估、控制三个阶段，遵照 PDCA 循环控制理论，对风险进行有效管理，其基本框架如图 5-3 所示。

1. 静态风险预控

静态风险预控是依据现有的管理模式，利用倒闸操作风险评估标准或规范，对客观存在的危险因素进行辨识，确定其风险等级，制定整改或控制措施，建立风险数据库，实现危险源的动态管理。静态风险数据库示例见表 5-3。

表 5–3　　　　　　　　　　　　　静态风险数据库示例

序号	地点或地段	风险元件	风险事件	作业方式	伤害方式	风险值	风险等级	风险控制策略
1	××变电站	各 10kV 线路接地开关	10kV 线路接地开关当开关冷备用、线路带电时仍能合上，无闭锁功能	变电运行	误操作	180	严重	1. 调控中心发令线路改检修应讲明线路带电情况。 2. 接令人应询问清楚线路是否带电。 3. 线路改检修前必须验明无电后方能合接地开关。 4. 建议安装线路带电闭锁接地开关防误装置
2	××变电站	港马 1143	港马 1143 断路器母线侧接地线无闭锁，易发生带接地线合闸事故，威胁人身安全	变电运行	误操作	180	严重	1. 设备改检修后其接地线应做好记录。 2. 交接班时交待清楚。 3. 合闸送电前应检查送电范围内接地线（接地开关）已拆除

2. 动态风险预控

动态风险预控主要是针对某一个具体的操作项目，利用现场踏勘、对照倒闸操作风险辨识范本、查对风险数据库等手段，对操作过程中可能产生的危险因素进行辨识，确定其风险等级，制定风险防范措施，规范作业行为，实现危险源的实时控制。根据供电企业作业活动特点，动态风险预控管理主要针对重大、复杂操作。倒闸操作的风险辨识范本（示例）见表 5–4。

表 5–4　　　　　　　　倒闸操作风险辨识范本（示例）

作业项目	500kV 母线停复役操作	
一、公共部分		
序号	辨识项目	辨识内容
1	气候条件	1. 在雨、雪、大风、雷电、大雾等气候条件下一般不宜进行室外操作（具备遥控操作条件的应转为遥控操作，否则应汇报调控中心暂缓操作，待雷电活动停止后进行）。 2. 雨天室外操作高压设备时，应穿绝缘靴（接地网电阻不符合要求，晴天也应穿绝缘靴）。 3. 雨雪天气时不得进行室外直接验电操作，500kV 系统按《安规》规定可采取间接验电方式，母线间接验电时，相应判据应两个及以上同时均已发生变化：后台母线电压指示为零、母线避雷器泄漏电流指示为零、该母线上所有母线隔离开关均已拉开。 4. 恶劣气候条件下确需操作时，应根据当时天气情况做好人员和操作用具的安全防护措施，操作人员戴好安全帽，穿绝缘靴等。同时，最大限度保证操作安全工器具干燥，如必须借用绝缘杆进行雨天室外设备操作，罩的上口应与绝缘部分紧密结合，无渗漏现象。使用绝缘杆前，应检查绝缘杆合格并擦拭干净，受潮后的绝缘杆严禁使用。操作时，应戴好绝缘手套，绝缘杆应全部拉出。操作中，应注意防止受潮，不允许随意放置在地面上
2	操作人员	1. 当班值班负责人合理分配值内工作任务，保证操作人员有良好的精神状态和体力。连续性日夜工作的人员尽量避免进行倒闸操作。 2. 当班值班负责人、所办公人员、现场稽查人员等发现操作人员精神不振、注意力不集中时，应及时询问、提醒，必要时更换合适的人员。

序号	辨识项目	辨 识 内 容
2	操作人员	3. 当班值班负责人根据操作任务特点、当时环境状态（包括气候），检查或提醒操作人员操作中做好个人安全防护工作。 4. 属重要复杂倒闸操作，宜由正值操作，值长监护，必要时实施所办人员监护操作。 5. 进入强电场区域（500kV 系统断路器与电流互感器间）操作，应穿戴屏蔽服。 6. 如已知设备缺陷影响正常倒闸操作功能，必要时可请检修部门协助操作，但应提前联系确认，操作前确认检修人员已到达操作现场，并按《安规》要求，做好相关准备工作，才能对该设备操作。 7. 检查现场配备必需的应急药品，如防暑降温药品
3	安全工器具	1. 按操作任务所需准备好合格的安全工器具，防止发生因安全工器具准备不足，发生中断操作情况。 2. 按安全工器具检查规范要求，检查验电器、绝缘靴、绝缘手套等外观良好，符合安全要求，且在试验周期内。 3. 检查五防电脑钥匙电量充足，防止电脑钥匙操作中断电影响后续操作
4	运行方式	1. 检修工作结束后，检修设备应有可投运结论，并应按《检修后设备状态交接验收规定》要求，核对一、二次设备的状态（包括保护定值）符合要求，保证设备验收合格后可随时投运。若存在同一停役申请下多张工作票工作的情况，则应检查所有工作票已终结。 2. 操作前应核对模拟图板一次主接线、后台监控实时一次主接线、五防预演一次主接线运行方式与当时现场实际设备运行方式相一致。 3. 检查所拟操作票，实际运行方式符合当前操作要求

二、作业内容

序号	辨识项目	辨识内容	典型控制措施
1	操作配合人员	操作配合人员检查一次设备状态变化时，防止人身伤害或引发误操作	1. 操作配合人员落实个人劳动保护措施，随时保持通信联络。未接到检查指令前应与被检查设备保持安全距离，防止设备带电冲击爆炸伤人。 2. 操作配合人员不在 SF_6 设备防爆膜附近停留。单人检查 SF_6 设备时，应尽量站在上风口。 3. 操作人员完成远方设备操作后，才允许操作配合人员到达被检查设备位置，并严格执行唱票复诵制，检查指令应正确规范使用操作术语。操作配合人员检查核对设备状态达到操作目的后，按同要求汇报远方操作人员
2	500kV Ⅱ 段母线停役	某变电站，由于 3 号主变压器挂在 500kV Ⅱ 母线上，若母线停役不停用 3 号主变压器，并事先不控制 220kV 负荷，则可能造成另几台主变压器过载	1. 变电运维人员应心中有数，若母线停役前，总调没有发令（许可），则提醒总调补令（许可）。 2. 应加强监视，达到稳定限额时应及时汇报汇报总调
3	500kV 断路器操作	断路器合闸操作时防止断路器误跳	500kV 母差保护或断路器失灵保护工作后出口继电器及信号灯应及时复归，防止断路器合闸操作时出口误跳
4	500kV 隔离开关操作	部分 ALSTOM 隔离开关支柱绝缘子存在黄芯、伞裙自行脱落等家族性缺陷，操作中可能发生隔离开关支柱绝缘子断裂事故	1. 操作前向监护人和操作人告知危险点，进入操作现场严格按要求落实个人劳动保护措施，戴好安全帽。 2. 操作中注意站位，并密切关注隔离开关动作情况，发生意外及时躲避
5	500kV 大电流试验端子的切换操作	1. 由于 500kV 大电流试验端子切换操作时不停用保护，防止保护拒动或误动。 2. 电流端子箱按线路（主变压器）配置，防止跑错间隔操作，造成电流互感器开路	1. 发现未加装防误操作装置的 500kV 大电流端子，有条件的加装防误操作装置来进行防止。 2. 注意危险点提示，操作前认真核对设备命名，严格按操作票顺序操作（按先取后放的原则进行），一发现有不正确操作行为，立即制止。 3. 在端子箱内不同断路器的电流试验端子应用醒目色标的双重命名以示区分，便于操作人员识别

序号	辨识项目	辨识内容	典型控制措施
6	防误闭锁装置解锁操作	擅自解除防误闭锁装置	操作过程中防误装置出现异常情况，应立即停止操作，查明原因。如有必要使用紧急解锁钥匙，必须严格执行倒闸操作紧急解锁管理规定，办理相应审批手续，严禁擅自或随意执行解锁操作
		HGIS 设备解锁操作：500kV 解锁钥匙通用，且解锁后，对整个间隔的设备均可实现操作	对于 HGIS 设备解锁操作，办理相关审批手续后，对现场解锁操作宜实行双重监护，确保解锁设备命名核对正确无误才进行解锁操作
		后台监控系统采用双主单元方式时，6MB5515 主单元和 6MB524 测控装置的通信有一路中断时，有可能引起防误装置误闭锁	加强后台监盘，一旦通信中断，要立即检查、分析，防止因误判断而盲目执行紧急解锁操作，造成误操作
7	HGIS 设备：500kV 母线接地开关合闸操作	500kV 母线接地验电操作采用间接验电方式，HGIS 设备接线方式母线无避雷器，母线电压互感器为单相电压互感器，且 HGIS 设备隔离开关操作无法看到明显断开点	检查该母线上每把母线隔离开关的分合闸指示（包括后台遥信变位）和拐臂位置必须同时均已发生变化
8	复役操作	状态验收不到位造成误操作	母线设备检修使用个人保安线或工作接地线的情况较多，送电操作时应重点检查核对不漏项

三、风险控制的方法

风险控制是指利用风险辨识、评估的结果，采取针对性的方法，对风险进行消除、隔离和改善。风险控制分为宏观控制和微观控制两大类。宏观控制以整个研究系统为控制对象，采用的手段主要有：法制手段（政策、法令、规章）、经济和行政手段（奖、罚、惩、补）和教育手段（安全教育培训）。微观控制以具体的风险为控制对象，所采用的主要手段是实施预控措施、落实组织措施和安全技术措施、预警提醒和监护、规范作业行为、实施标准化作业等。

1. 静态风险的控制方法

一般静态风险是固有的、长期存在的，不采取彻底的整改措施是无法消除的，对作业人员的威胁是永久性的。所以，必须尽最大努力从根本上消除风险，同时兼顾现实可能性和经济性，可以采用下面几种方法。

（1）永久性消除风险。

对基建改造工程，要从设计、选型、制造、安装、验收各个环节严格把关，采用各种技术手段从根本上避免风险的产生。对于已经存在的风险应结合大修进行技术改造，彻底消除。如防误闭锁装置不完善，必须进行改造，加装微机防误装置等。

（2）暂时性消除风险。

对于一些从技术和经济角度上难以改造或彻底消除的风险，在不影响供电可靠性的基础上，可以采取必要的安全措施使其暂时消除。如操作现场照明不足，可加装临时照明设施。通风不良，可增加临时通风设施。

（3）隔离风险。

对于一些无法消除的风险，可采用视觉警告（亮度、颜色、信号灯、标志等）、听觉警告（如警铃、警报等）、气味警告（如不同的气味等）和感（触）觉警告（如温度、阻挡物等），从空间上将风险隔离开来。如变电站"止步，高压危险！"标示牌可防止操作人员误入带电区域。

（4）防护风险。

对于无法隔离的风险，可从加强工作人员的防护措施着手加以解决。如对于近距离巡视高电压等级设备的变电运维人员，要求穿戴静电防护服等。对人员素质评估为"基本适应"的人员，可采用双人操作、人机并行操作、设计审查等方法，监督作业人员行为，使其安全可靠。

（5）减弱风险。

事故通常是由小到大、由近至远。为了控制危险发生后的事故危害范围，对危险作业地点（如易发生火灾的车间）或危险设备（如充油的电力设备）应事先做好准备（如设立自动灭火器），一旦出现事故，将其控制在发生地。为防止风险失控后释放的能量伤害人员和设备，可采取分流（如泄压阀）、隔离（如防暴墙）、安全出口或通道、发放自救器材等措施。

2. 动态风险的控制方法

对倒闸操作过程中形成的动态风险，除宏观预控手段外，重要的是要开展标准化、规范化、程序化作业，是实现人为失误事故预控的关键所在。针对动态风险隐蔽性和随机性的特点，在操作前应深入分析和预测操作过程中可能出现的各种不安全行为，有针对性地采取可靠的安全措施，防止风险的产生和增加。目前一般采用风险控制卡进行倒闸操作风险控制。

倒闸操作作业点多面广，作业对象复杂，影响操作作业的因素较多，也很难固化。同时倒闸操作还有赖于其他部门（如检修、调控中心）的配合，交界面复杂。特别是主变压器、母线等检修，更需要一套完整的风险控制卡，通过作业前和作业过程中的危险因素分析，得出风险程度并进行有效控制，可大大减少作业风险。主要做法是：在倒闸操作开始前，值班负责人采用"三维辨识法"，即查对《安全风险库》、现场踏勘、参照《倒闸操作风险辨识范本》，辨识操作过程中可能遇到或产生的危险源，并编制《倒闸操作风险控制卡》，见表5-5。

表 5-5　　　　　　　　　　　　倒闸操作风险控制卡范本

作业项目	220kV 主变压器及三侧断路器停复役操作		工作开始时间	×年×月×日
			工作结束时间	×年×月×日
值班负责人	×××		操作票编号	××××

一、操作开始前预控措施

序号	危　险　因　素	风险程度	控　制　措　施	√
1	气候状况	中	天气良好，没有雷雨、雪雹、雨雾，风力小于 5 级	
2	操作工具、安全用具不合格	较高	1. 安全用具试验合格，操作前检查安全用具和操作工具合格。 2. 检查接地线数量和放置地点正确。 3. 选择电压等级合适的验电器	

二、操作开始后控制措施

序号	危　险　因　素	风险程度	控　制　措　施	责任人	√
1	停复役操作涉及不同的调控中心管辖，容易发生接、发令顺序错误	高	1. 明确设备的调度划分，严格审核各级调控中心指令。 2. 明确操作目的，按调度操作任务填写操作票，并审核合格。 3. 接受调控中心指令开启录音、互报所名、姓名，严格执行复诵核对	×××	
2	一台主变压器停役，防止另一主变压器超负荷	中	1. 倒闸操作前检查并列运行两台主变压器负荷分配。 2. 加强值班负荷监视	×××	
3	电流互感器二次接线端子操作，发生电流互感器开路和保护误动作	中	1. 加强监护，防止操作过程中发生电流互感器开路，操作过程中操作人站在绝缘垫上。 2. 电流互感器二次接线端子切换前停用相应保护。 3. 电流互感器切换时注意核对端子编号、上下位置	×××	
4	接地操作	高	1. 接地线装设位置事先明确，导体端和接地端进行定位管理。 2. 接地线操作，必须两人进行，选择适当高度的棚梯，防止接地线头跌落打破绝缘子和伤害人身，并与带电设备保持足够安全距离。 3. 装设接地线前必须验明确无电后方可短路接地	×××	
风险总体评价	□可接受　　　　　　□不可接受				
	不可接受原因：				

编制人：×××　　　　　　　　　　　　审批人：×××

在倒闸操作开始前，由监护人填写作业项目、工作负责人和操作票编号。应用三维辨识法分析查找操作过程中可能出现的危险因素，按操作前后的控制顺序，分类填入"危险因素"栏。应用 PR 法对危险因素进行评估分级，并填入"风险度"栏。根据操作实际编写预控（控制）措施，填入"预控（控制）措施"栏。若操作开始前需预控的措施已落实，值班负责人则在"√"栏打勾确认。若需要开工后落实的控制措施，落实责任人并填写"责任人"栏，并在控制措施落实之后，由值班负责人在"√"栏打勾确认。如果出现操作开始前部分控制的危险因素，在风险度降低并在操作过程中还需继续控制的特殊情况，重新填入"开工后控制措施"栏。

值班负责人通过对操作风险进行总体评价，若认为该项操作总体风险度不能接受，不适宜作业，可在"风险总体评价"中的"不可接受"前的方框中打勾确认，并上报变电站或变电运维班技术员批准后，该操作可暂时取消，采取必要的安全保障措施后重新开始操作。若认为该操作总体风险程度可以接受，可在"风险总体评价"中的"可接受"前的方框中打勾确认。如有必要，可召开作业项目安全风险分析会，对《倒闸操作风险控制卡》中内容进行充实完善。

操作正式开工前，值班负责人应交待《倒闸操作风险控制卡》的相关内容。在操作人员确认无误后，方可宣布开始操作。作业过程中，责任人应认真落实《倒闸操作风险控制卡》中要求的预控措施，并由值班负责人在对应栏目打勾确认。每次操作结束后，值班负责人应及时总结《倒闸操作风险控制卡》的执行情况，将风险变更情况和执行中存在的问题上报相关人员。

第六章

变电站常用安全工器具管理

电力安全工器具系指为防止触电、灼伤、坠落、摔跌、中毒、窒息、火灾、雷击、淹溺等事故或职业危害，保障工作人员人身安全的个体防护装备、绝缘安全工器具、登高工器具、安全围栏（网）和标识牌等专用工具和器具。为了保证工作人员在生产经营活动中的人身安全，确保电力安全工器具的产品质量和安全使用，必须规范电力安全工器的管理，根据国家电网公司的要求，对电力安全工器具管理实行计划、采购、验收、检验、使用、保管、检查和报废全过程管理，做到"安全可靠、合格有效"。本章重点结合变电运维专业配置的常用电力安全工器具，侧重于变电站现场安全工器具的使用与管理。

第一节 安全工器具的管理要求

1. 电力安全工器具的采购与验收

运维班每年应根据上级统一下达的年度综合计划和预算，结合工作实际申报安全工器具采购计划。

新购置安全工器具到货后，应组织检验，检验方法可采用逐件检查或抽检，抽检比例应根据安全工器具类别、使用经验、供应商信用等情况综合确定。检验合格后，各方在验收单上签字确认。合格者方可入库或交付使用单位，不合格者应予以退货。

对于没有应用经验的新型安全工器具，应经有资质的检验机构检验合格，由地市供电企业专业部门组织认定并批准后，方可试用。

2. 电力安全工器具的试验与检验

安全工器具应通过国家、行业标准规定的型式试验，以及出厂试验和预防性试验。进口产品的试验不低于国内同类产品标准。

安全工器具应由具有资质的安全工器具检验机构进行检验，及时发现安全工器具缺陷和隐患，保障使用安全。

安全工器具使用期间应按规定做好预防性试验，以下安全工器具应进行预防性试验：

（1）规程要求进行试验的安全工器具。

（2）新购置和自制安全工器具使用前。

（3）检修后或关键零部件经过更换的安全工器具。

（4）对其机械、绝缘性能发生疑问或发现缺陷的安全工器具。

（5）发现质量问题的同批次安全工器具。

安全工器具经预防性试验合格后，应由检验机构在合格的安全工器具上（不妨碍绝缘性能、使用性能且醒目的部位）牢固粘贴"合格证"标签或可追溯的唯一标识，并出具检测报告。

3. 电力安全工器具的使用与保管

变电运维班组应配置充足、合格的安全工器具，建立统一分类的安全工器具台账和编号方法。应定期开展安全工器具清查，确保做到账、卡、物一致。

安全工器具使用总体要求如下：

（1）运维班每年至少应组织一次安全工器具使用方法培训，新进员工上岗前应进行安全工器具使用方法培训。新型安全工器具使用前应组织针对性培训。

（2）安全工器具使用前应进行外观、试验时间有效性等检查。

（3）绝缘安全工器具使用前、后应擦拭干净。

（4）对安全工器具的机械、绝缘性能不能确定时，应进行试验，合格后方可使用。

安全工器具应每月定期检查试验，如发现有不合格或超试验周期的应另外存放，做出"禁用"标识，停止使用。

安全工器具的保管及存放，绝缘安全工器具应做好防潮措施。

使用中若发现产品质量、售后服务等不良问题，应及时上报处理。

4. 电力安全工器具的报废

安全工器具符合下列条件之一者，即予以报废：

（1）经试验或检验不符合国家或行业标准的。

（2）超过有效使用期限，不能达到有效防护功能指标的。

（3）外观检查明显损坏影响安全使用的。

报废的安全工器具应及时清理，不得与合格的安全工器具存放在一起，严禁使用报废的安全工器具。安全工器具报废情况应纳入管理台账做好记录，存档备查。

第二节　变电站常用安全工器具

安全工器具分为个体防护装备、绝缘安全工器具、登高工器具、安全围栏（网）和标识牌等四大类。

一、个体防护装备

个体防护装备是指保护人体避免受到急性伤害而使用的安全用具，包括安全帽、防护眼镜、自吸过滤式防毒面具、正压式消防空气呼吸器、安全带、安全绳、连接器、速差自控器、导轨自锁器、缓冲器、安全网、静电防护服、防电弧服、耐酸服、SF_6防护服、耐酸手套、耐酸靴、导电鞋（防静电鞋）、个人保安线、SF_6气体检漏仪、含氧量测试仪及有害气体检测仪等。变电站中常用的有安全帽、防护眼镜、自吸过滤式防毒面具、正压式消防空气呼吸器、个人保安线等。

（1）安全帽是对人头部受坠落物及其他特定因素引起的伤害起防护作用。安全帽由帽壳、帽衬、下颏带及附件等组成。

（2）防护眼镜是在进行检修工作、维护电气设备时，保护工作人员不受电弧灼伤以及防止异物落入眼内的防护用具。

（3）自吸过滤式防毒面具是在有氧环境中使用的呼吸器。

（4）正压式消防空气呼吸器是在无氧环境中使用的呼吸器。

（5）个人保安线是用于防止感应电压危害的个人用接地装置。

二、绝缘安全工器具

绝缘安全工器具分为基本绝缘安全工器具、带电作业安全工器具和辅助绝缘安全工器具。

1. 基本绝缘安全工器具

基本绝缘安全工器具是指能直接操作带电装置、接触或可能接触带电体的工器具，其中大部分为带电作业专用绝缘安全工器具，包括电容型验电器、携带型短路接地线、绝缘杆、核相器、绝缘遮蔽罩、绝缘隔板、绝缘绳和绝缘夹钳等。变电站中常用电容型验电器、携带型短路接地线、绝缘杆等。

（1）电容型验电器是通过检测流过验电器对地杂散电容中的电流来指示电压是否存在的装置。

（2）携带型短路接地线是用于防止设备、线路突然来电，消除感应电压，放尽剩余电荷的临时接地装置。

（3）绝缘杆是由绝缘材料制成，用于短时间对带电设备进行操作或测量的杆类绝缘工具，包括绝缘操作杆、测高杆、绝缘支拉吊线杆等。

2. 带电作业绝缘安全工器具

带电作业安全工器具是指在带电装置上进行作业或接近带电部分所进行的各种作业所使用的工器具，特别是工作人员身体的任何部分或采用工具、装置或仪器进入限定的带电作业区域的所有作业所使用的工器具，包括带电作业用绝缘安全帽、绝缘服装、屏蔽服装、带电作业用绝缘手套、带电作业用绝缘靴（鞋）、带电作业用绝缘垫、带电作业用绝缘毯、带电作业用绝缘硬梯、绝缘托瓶架、带电作业用绝缘绳（绳索类工具）、绝缘软梯、带电作业用绝缘滑车和带电作业用提线工具等。变电站基本不涉及带电作业绝缘安全工器具。

3. 辅助绝缘安全工器具

辅助绝缘安全工器具是指绝缘强度不是承受设备或线路的工作电压，只是用于加强基本绝缘工器具的保安作用，用于防止接触电压、跨步电压、泄漏电流电弧对操作人员的伤害。不能用辅助绝缘安全工器具直接接触高压设备带电部分。包括辅助型绝缘手套、辅助型绝缘靴（鞋）和辅助型绝缘胶垫。

（1）辅助型绝缘手套是由特种橡胶制成的起电气辅助绝缘作用的手套。

（2）辅助型绝缘靴（鞋）是由特种橡胶制成的用于人体与地面辅助绝缘的靴（鞋）子。

（3）辅助型绝缘胶垫是由特种橡胶制成的、用于加强工作人员对地辅助绝缘的橡胶板。

三、登高工器具

登高工器具是用于登高作业、临时性高处作业的工具，包括脚扣、升降板（登高板）、梯子、快装脚手架及检修平台等。变电站常用的是梯子。梯子是包含有踏档或踏板，可供人上下的装置，一般分为竹（木）梯、铝合金及复合材料梯。

四、安全围栏（网）和标识牌

安全围栏（网）包括用各种材料做成的安全围栏、安全围网和红布幔，标识牌包括各种安全警告牌、设备标示牌、锥形交通标、警示带等。

第三节　变电站安全工器具试验

各类电力安全工器具必须通过国家和行业规定的形式试验，进行出厂试验和使用中的周期性试验。安全用具、登高、起重工具等需要进行试验的，必须执行"集中试验，统一管理"的原则。安全用具、登高、起重工具等工器具从供应部门领取后，必须首先经安全用具管理站或省公司定点的专门试验部门试验合格，列入使用部门、班组专用台账后，方可使用。

凡试验不合格的安全工器具，由试验人员作报废处理，并及时通知使用部门，办理相应的报废手续，严格防止不合格的安全工器具进入施工、作业现场。

一、预防性试验

为防止使用中的电力安全工器具性能改变或存在隐患而导致在使用中发生事故，对电力安全工器具进行试验、检测和诊断的方法和手段。

二、试验周期

对已投入使用的电力安全工器具及小型施工机具，按规定的试验条件、试验项目和试验周期所进行的定期试验，以发现其隐患，预防事故的发生。

（1）变电站常用绝缘安全工器具预防性试验项目、周期见表6-1。

表 6-1　　　　　　　　　　　绝缘安全工器具预防性试验项目、周期表

序号	器　具	项　目	周　期	说明
1	电容型验电器	起动电压	1 年	
		工频耐压试验	1 年	
2	携带型短路接地线	成组直流电阻试验	不超过 5 年	
		操作杆工频耐压试验	5 年	
3	绝缘杆	工频耐压试验	1 年	
		静抗弯负荷（N）	2 年	
4	辅助型绝缘手套	工频耐压试验	半年	
5	辅助型绝缘靴（鞋）	工频耐压试验	半年	

（2）登高工器具试验项目、周期见表 6-2。

表 6-2　　　　　　　　　　　登高工器具试验项目、周期表

序号	名　称	项　目	周　期	说明
1	梯子（竹、木）	静负荷试验	半年	
2	梯子（复合材料）	静负荷试验	半年	
		工频耐压试验	1 年	

第四节　变电站常用安全工器具检查与使用要求

安全工器具检查分为出厂验收检查、试验检验检查和使用前检查，使用前应检查合格证和外观。

一、个体防护装备

1. 安全帽

（1）检查要求：

1）永久标识和产品说明等标识清晰完整，安全帽的帽壳、帽衬（帽箍、吸汗带、缓冲垫及衬带）、帽箍扣、下颏带等组件完好无缺失。

2）帽壳内外表面应平整光滑，无划痕、裂缝和孔洞，无灼伤、冲击痕迹。

3）帽衬与帽壳连接牢固，后箍、锁紧卡等开闭调节灵活，卡位牢固。

4）使用期从产品制造完成之日起计算：植物枝条编织帽不得超过两年，塑料和纸胶帽不得超过两年半。玻璃钢（维纶钢）橡胶帽不超过三年半，超期的安全帽应抽查检验合格后方可使用，以后每年抽检一次。每批从最严酷使用场合中抽取，每项试验试样不少于 2 项，有一项不合格，则该批安全帽报废。

（2）使用要求：

1）任何人员进入生产、施工现场必须正确佩戴安全帽。针对不同的生产场所，根据安全帽产品说明选择适用的安全帽。

2）安全帽戴好后，应将帽箍扣调整到合适的位置，锁紧下颚带，防止工作中前倾后仰或其他原因造成滑落。

3）受过一次强冲击或做过试验的安全帽不能继续使用，应予以报废。

4）高压静电报警安全帽使用前应检查其音响部分是否良好，但不得作为无电的依据。

2. 防护眼镜

（1）检查要求：

1）防护眼镜的标识清晰完整，并位于透镜表面不影响使用功能处。

2）防护眼镜表面光滑，无气泡、杂质，以免影响工作人员的视线。

3）镜架平滑，不可造成擦伤或有压迫感。同时，镜片与镜架衔接要牢固。

（2）使用要求：

1）防护眼镜的选择要正确。要根据工作性质、工作场合选择相应的防护眼镜。如在装卸高压熔断器或进行气焊时，应戴防辐射防护眼镜。在室外阳光曝晒的地方工作时，应戴变色镜（防辐射线防护眼镜的一种）。在进行车、铣、刨及用砂轮磨工件时，应戴防打击防护眼镜等。在向蓄电池内注入电解液时，应戴防有害液体防护眼镜或戴防毒气封闭式无色防护眼镜。

2）防护眼镜的宽窄和大小要恰好适合使用者的要求。如果大小不合适，防护眼镜滑落到鼻尖上，结果就起不到防护作用。

3）防护眼镜应按出厂时标明的遮光编号或使用说明书使用。

4）透明防护眼镜佩戴前应用干净的布擦拭镜片，以保证足够的透光度。

5）戴好防护眼镜后应收紧防护眼镜镜腿（带），避免造成滑落。

3. 自吸过滤式防毒面具

（1）检查要求：

1）标识清晰完整，无破损。

2）使用前应检查面具的完整性和气密性，面罩密合框应与佩戴者颜面密合，无明显压痛感。

（2）使用要求：

1）使用防毒面具时，空气中氧气浓度不得低于 18%，温度为 -30～45℃，不能用于槽、罐等密闭容器环境。

2）使用者应根据其面型尺寸选配适宜的面罩号码。

3）使用中应注意有无泄漏和滤毒罐失效。防毒面具的过滤剂有一定的使用时间，一般为 30～100min。过滤剂失去过滤作用（面具内有特殊气味）时，应及时更换。

4. 正压式消防空气呼吸器

（1）检查要求：

1）标识清晰完整，无破损。

2）使用前应检查正压式呼吸器气罐表计压力在合格范围内。检查面具的完整性和气密性，面罩密合框应与佩戴者颜面密合，无明显压痛感。

（2）使用要求：

1）使用者应根据其面型尺寸选配适宜的面罩号码。

2）使用中应注意有无泄漏。

5. 个人保安线

（1）检查要求：

1）保安线的厂家名称或商标、产品的型号或类别、横截面积（mm^2）、生产年份等标识清晰完整。

2）保安线应用多股软铜线，其截面不得小于 $16mm^2$。保安线的绝缘护套材料应柔韧透明，护层厚度大于 1mm。护套应无孔洞、撞伤、擦伤、裂缝、龟裂等现象，导线无裸露、无松股、中间无接头、断股和发黑腐蚀。汇流夹应由 T3 或 T2 铜制成，压接后应无裂纹，与保安线连接牢固。

3）线夹完整、无损坏，线夹与电力设备及接地体的接触面无毛刺。

4）保安线应采用线鼻与线夹相连接，线鼻与线夹连接牢固，接触良好，无松动、腐蚀及灼伤痕迹。

（2）使用要求：

1）个人保安线仅作为预防感应电使用，不得以此代替《安规》规定的工作接地线。只有在工作接地线挂好后，方可在工作相上挂个人保安线。

2）工作地段如有邻近、平行、交叉跨越及同杆塔架设线路，为防止停电检修线路上感应电压伤人，在需要接触或接近导线工作时，应使用个人保安线。

3）个人保安线应在杆塔上接触或接近导线的作业开始前挂接，作业结束脱离导线后拆除。

4）装设时，应先接接地端，后接导线端，且接触良好，连接可靠。拆个人保安线的顺序与此相反。个人保安线由作业人员负责自行装、拆。

5）在杆塔或横担接地通道良好的条件下，个人保安线接地端允许接在杆塔或横担上。

二、绝缘安全工器具

1. 电容型验电器

（1）检查要求：

1）电容型验电器的额定电压或额定电压范围、额定频率（或频率范围）、生产厂名和商标、出厂编号、生产年份、适用气候类型、检验日期及带电作业用（双三角）符号等标识清晰完整。

2）验电器的各部件，包括手柄、护手环、绝缘元件、限度标记（在绝缘杆上标注的一种醒目标志，向使用者指明应防止标志以下部分插入带电设备中或接触带电体）和接触电极、指示器和绝缘杆等均应无明显损伤。

3）绝缘杆应清洁、光滑，绝缘部分应无气泡、皱纹、裂纹、划痕、硬伤、绝缘层脱落、严重机械或电灼伤痕。伸缩型绝缘杆各节配合合理，拉伸后不应自动回缩。

4）指示器应密封完好，表面应光滑、平整。

5）手柄与绝缘杆、绝缘杆与指示器的连接应紧密牢固。

6）自检三次，指示器均应有视觉和听觉信号出现。

（2）使用要求：

1）验电器的规格必须符合被操作设备的电压等级，使用验电器时，应轻拿轻放。

2）操作前，验电器杆表面应用清洁的干布擦拭干净，使表面干燥、清洁。并在有电设备上进行试验，确认验电器良好。无法在有电设备上进行试验时可用高压发生器等确证验电器良好。如在木杆、木梯或木架上验电，不接地不能指示者，经运行值班负责人或工作负责人同意后，可在验电器绝缘杆尾部接上接地线。

3）操作时，应戴绝缘手套，穿绝缘靴。使用抽拉式电容型验电器时，绝缘杆应完全拉开。人体应与带电设备保持足够的安全距离，操作者的手握部位不得越过护环，以保持有效的绝缘长度。

4）非雨雪型电容型验电器不得在雷、雨、雪等恶劣天气时使用。

5）使用操作前，应自检一次，声光报警信号应无异常。

2. 携带型短路接地线

（1）检查要求：

1）接地线的厂家名称或商标、产品的型号或类别、接地线横截面积（mm²）、生产年份及带电作业用（双三角）符号等标识清晰完整。

2）接地线的多股软铜线截面不得小于 25mm²，其他要求同个人保安接地线。

3）接地操作杆同绝缘杆的要求。

4）线夹完整、无损坏，与操作杆连接牢固，有防止松动、滑动和转动的措施。应操作方便，安装后应有自锁功能。线夹与电力设备及接地体的接触面无毛刺，紧固力应不致损坏设备导线或固定接地点。

（2）使用要求：

1）接地线的截面应满足装设地点短路电流的要求，长度应满足工作现场需要。

2）经验明确无电压后，应立即装设接地线并三相短路（直流线路两极接地线分别直接接地），利用铁塔接地或与杆塔接地装置电气上直接相连的横担接地时，允许每相分别接地，对于无接地引下线的杆塔，可采用临时接地体。

3）装设接地线时，应先接接地端，后接导线端，接地线应接触良好、连接应可靠，拆接地线的顺序与此相反，人体不准碰触未接地的导线。

4）装、拆接地线均应使用满足安全长度要求的绝缘棒或专用的绝缘绳。

5）禁止使用其他导线作接地线或短路线，禁止用缠绕的方法进行接地或短路。

6）设备检修时模拟盘上所挂接地线的数量、位置和接地线编号，应与工作票和操作票所列内容一致，与现场所装设的接地线一致。

3．绝缘杆

（1）检查要求：

1）绝缘杆的型号规格、制造厂名、制造日期、电压等级及带电作业用（双三角）符号等标识清晰完整。

2）绝缘杆的接头不管是固定式的还是拆卸式的，连接都应紧密牢固，无松动、锈蚀和断裂等现象。

3）绝缘杆应光滑，绝缘部分应无气泡、皱纹、裂纹、绝缘层脱落、严重的机械或电灼伤痕，玻璃纤维布与树脂间黏接完好不得开胶。

4）握手的手持部分护套与操作杆连接紧密、无破损，不产生相对滑动或转动。

（2）使用要求：

1）绝缘操作杆的规格必须符合被操作设备的电压等级，切不可任意取用。

2）操作前，绝缘操作杆表面应用清洁的干布擦拭干净，使表面干燥、清洁。

3）操作时，人体应与带电设备保持足够的安全距离，操作者的手握部位不得越过护环，以保持有效的绝缘长度，并注意防止绝缘操作杆被人体或设备短接。

4）为防止因受潮而产生较大的泄漏电流，危及操作人员的安全，在使用绝缘操作杆拉合隔离开关或经传动机构拉合隔离开关和断路器时，均应戴绝缘手套。

5）雨天在户外操作电气设备时，绝缘操作杆的绝缘部分应有防雨罩，罩的上口应与绝缘部分紧密结合，无渗漏现象，以便阻断流下的雨水，使其不致形成连续的水流柱而大大降低湿闪电压。另外，雨天使用绝缘杆操作室外高压设备时，还应穿绝缘靴。

4．辅助型绝缘手套

（1）检查要求：

1）辅助型绝缘手套的电压等级、制造厂名、制造年月等标识清晰完整。

2）手套应质地柔软良好，内外表面均应平滑、完好无损，无划痕、裂缝、折缝和孔洞。

3）用卷曲法或充气法检查手套有无漏气现象。

（2）使用要求：

1）辅助型绝缘手套应根据使用电压的高低、不同防护条件来选择。

2）作业时，应将上衣袖口套入绝缘手套筒口内。

3）按照《安规》有关要求进行设备验电、倒闸操作、装拆接地线等工作时应戴绝缘手套。

5. 辅助型绝缘靴（鞋）

（1）检查要求：

1）辅助型绝缘靴（鞋）的鞋帮或鞋底上的鞋号、生产年月、标准号、电绝缘字样、闪电标记、耐电压数值、制造商名称、产品名称、电绝缘性能出厂检验合格印章等标识清晰完整。

2）绝缘靴（鞋）应无破损，宜采用平跟，鞋底应有防滑花纹，鞋底（跟）磨损不超过 1/2。鞋底不应出现防滑齿磨平、外底磨露出绝缘层等现象。

（2）使用要求：

1）辅助型绝缘鞋应根据使用电压的高低、不同防护条件来选择。

2）穿用电绝缘皮鞋和电绝缘布面胶鞋时，其工作环境应能保持鞋面干燥。在各类高压电气设备上工作时，使用电绝缘鞋，可配合基本安全用具（如绝缘棒、绝缘夹钳）触及带电部分，并要防护跨步电压所引起的电击伤害。在潮湿、有蒸汽、冷凝液体、导电灰尘或易发生危险的场所，尤其应注意配备合适的电绝缘鞋，应按标准规定的使用范围正确使用。

3）使用绝缘靴时，应将裤管套入靴筒内。

4）穿用电绝缘鞋应避免接触锐器、高温、腐蚀性和酸碱油类物质，防止鞋受到损伤而影响电绝缘性能。防穿刺型、耐油型及防砸型绝缘鞋除外。

三、登高工器具——梯子

（1）检查要求：

1）型号或名称及额定载荷、梯子长度、最高站立平面高度、制造者或销售者名称（或标识）、制造年月、执行标准及基本危险警示标志（复合材料梯的电压等级）应清晰明显。

2）踏棍（板）与梯梁连接牢固，整梯无松散，各部件无变形，梯脚防滑良好，梯子竖立后平稳，无目测可见的侧向倾斜。

3）升降梯升降灵活，锁紧装置可靠。铝合金折梯铰链牢固，开闭灵活，无松动。

4）折梯限制开度装置完整牢固。延伸式梯子操作用绳无断股、打结等现象，升降灵活，锁位准确可靠。

5）竹木梯无虫蛀、腐蚀等现象。木梯梯梁的窄面不应有节子，宽面上允许有实心的或不透的、直径小于 13mm 的节子，节子外缘距梯梁边缘应大于 13mm，两相邻节子外缘距离不应小于 0.9m。踏板窄面上不应有节子，踏板宽面上节子的直径不应大于 6mm，踏棍上不应有直径大于 3mm 的节子。干燥细裂纹长不应大于 150mm，深不应大于 10mm。梯梁和踏棍（板）连接的受剪切面及其附近不应有裂缝，其他部位的裂缝长不应大于 50mm。

（2）使用要求：

1）梯子应能承受作业人员及所携带的工具、材料攀登时的总重量。

2）梯子不得接长或垫高使用。如需接长时，应用铁卡子或绳索切实卡住或绑牢并加设支撑。

3）梯子应放置稳固，梯脚要有防滑装置。使用前，应先进行试登，确认可靠后方可使用。有人员在梯子上工作时，梯子应有人扶持和监护。

4）梯子与地面的夹角应为 60° 左右，工作人员必须在距梯顶 1m 以下的梯蹬上工作。

5）人字梯应具有坚固的铰链和限制开度的拉链。

6）靠在管子上、导线上使用梯子时，其上端需用挂钩挂住或用绳索绑牢。

7）在通道上使用梯子时，应设监护人或设置临时围栏。梯子不准放在门前使用，必要时采取防止门突然开启的措施。

8）严禁人在梯子上时移动梯子，严禁上下抛递工具、材料。

9）在变电站高压设备区或高压室内应使用绝缘材料的梯子，禁止使用金属梯子。搬动梯时，应放倒两人搬运，并与带电部分保持安全距离。

第五节　接 地 线 管 理

严格按规范要求配置、保管、检查、维护、试验和装拆接地线，能有效防止带电挂接地线和带接地线合闸事故的发生。为了进一步加强变电站接地线管理，坚决杜绝误操作事故的发生，明确接地线使用过程中各方工作界面，落实相关责任，近年来上级相继出台了关于加强接地线规范化安全管理工作的通知及补充规定。

一、接地线的配置

（1）接地线应采用多股软裸铜线，其截面应符合短路电流的要求。高压电气设备上使用的接地线，其截面不得小于 $25mm^2$。220kV 及以下接地线应采用三相四极，500kV 接地线允许单相配置、使用。

（2）接地线操作有效长度应符合《安规》要求。

（3）变电站应配置适量的接地线，无人值班变电站现场只保留日常缺陷和事故处理所需接地线，变电站的典型配置如下：

1）500kV 变电站：500kV 接地线 2 副，220kV 接地线 6 副，35kV 接地线 9 副，0.4kV 接地线 1 副，放电类、试验类工作接地线各一组。

2）220kV 变电站：220kV 接地线 6 副，110kV 接地线 6 副，35kV 接地线 9 副，0.4kV 接地线 1 副，放电类、试验类工作接地线各一组。

3）110kV 变电站：110kV 接地线 6 副，35kV 接地线 9 副，10kV 接地线 9 副，0.4kV 接地线 1 副，放电类、试验类工作接地线各一组。

4）35kV 变电站：35kV 接地线 6 副，10kV 接地线 9 副，0.4kV 接地线 1 副，放电类、试验类工作接地线各一组。

二、接地线的管理

1. 原则

（1）同一变电运维班管辖的下属所有变电站内接地线的编号应保持唯一性，从外面借入的接地线应视同本站的接地线进行定置管理，统一编号，不得重复。

（2）变电站内接地线应加强交接管理，每班均必须核对数量、位置、状态。

（3）监控后台若不能准确标识现场接地点（含接地开关和接地线），必须设置实物模拟图版，并以图版为准。

（4）在变电站内工作，外部人员严禁将任何形式的接地线（包括个人保安线）带入变电站内。

2. 接地线的管理要求

每组接地线均应编号，标号牌采用国家标准。变电站现场接地线：电压等级从高到低，从 1 号开始编号。接地线应放置在干燥的专用接地线柜内，接地线号码与存放位置号码必须一致。接地线应设立台账，按变电站分类记录在《安全管理记录簿》中。

三、接地措施设置原则

设置接地措施可按下列原则进行：

（1）选择使用接地线还是接地开关，应根据工作需要和现场设备状况确定。原则上应尽量选择使用接地开关，只有当接地开关作为工作设备时，才使用接地线。

（2）对于接地开关本身检修但又无法装设接地线时，可先合上接地开关，工作时由检修人员先自行装设接地线后拉开接地开关，再进行接地开关检修。工作完毕及时恢复设备状态，操作顺序相反。

（3）对于确无来电可能的无出线的间隔，允许不设置接地措施。

（4）变电站全停集中检修时，可仅在检修区域最边界设备的来电侧设置接地措施。

四、接地线的定位管理

变电站现场接地端应事先明确设定，接地线接地端与现场接地端应实现可靠防误闭锁功能。对于无法实现闭锁功能的接地端，应在接地端打孔并加挂机械锁，对应的钥匙由变电运维人员负责严格管理，并制定相应管理规定。

1. 接地线两端定位的基本要求

（1）关于接地端的要求

1）户外接地端应具有防止带电挂接地线和带接地线合闸功能（可装设防误档板），主变压器引线桥下方适当位置可单独设置一处接地点，同一部位所有接地点必须保证唯一性。

2）户内接地端都应设置在开关柜、网门（可设置在开关柜边门内）外，防止整副接地线在开关柜内，特殊情况设置在开关柜内必须具有防误功能。

3）接地端应有固定的接地符号标志，并刮去接触部位油漆。

（2）关于导体端的要求

1）尽可能考虑导体端与接地端间防误闭锁功能，否则应尽量设置在变电运维人员明显可视位置。

2）铜、铜排或铝排导体端应无油漆，导电部位统一规定为 7cm，特殊情况最少不得少于 4cm，并在导电部位两端各划宽为 1cm 的黑线。

2. 接地线两端定位的基本原则

见表 6-3～表 6-5。

表 6-3　　　　　　　10kV 开关室 GG-1A 柜接地端设置（范例）

序号	内　容	定　位　标　准
1	出线间隔柜内设备检修接地	1. 母线不同时停役：导体端选在柜内适当位置。接地端优先采用母线隔离开关防误闭锁销子，如母线隔离开关采用机械程序锁、电磁锁或普通闭锁销子，可选用断路器机构下部接地螺栓。 2. 母线同时停役：导体端选在柜内适当位置。接地端可选用断路器机构下部接地螺栓
2	电压互感器、并联电容器、站用变压器柜内设备检修接地	1. 母线不同时停役：导体端选在柜内适当位置。接地端优先采用母线隔离开关防误闭锁销子，如母线隔离开关采用机械程序锁、电磁锁或普通闭锁销子，可选用柜外专用螺栓（接地螺栓可设在电压互感器、并联电容器、站用变压器柜边门内）。 2. 母线同时停役：导体端选在柜内适当位置。接地端可选用柜外专用接地螺栓（接地螺栓可设在电压互感器、并联电容器、站用变压器柜边门内）
3	主变压器10kV侧、架空出线线路接地	导体端必须选在后柜门内铜排或铝排上，并穿过后柜门在柜外专用接地螺栓处接地
4	电缆出线线路接地	1. 导体端应选在电缆头与铜排或铝排连接处。 2. 母线不同时停役接地端：应优先选用母线隔离开关防误闭锁销子，如母线隔离开关采用机械程序锁、电磁锁或普通闭锁销子，可采用母线同时停役时接地方法。 3. 母线同时停役接地端：综合考虑装设时安全性和方便性，可选用断路器机构下部接地螺栓或后柜门外专用接地螺栓
5	母分断路器与不同柜母分隔离开关间接地	1. 母分断路器检修：导体端必须选在母分断路器柜内。接地端优先采用不同柜母分隔离开关防误闭锁销子，如该母分隔离开关采用机械程序锁、电磁锁或普通闭锁销子，可选用母分断路器机构下部接地螺栓。 2. 不同柜母分隔离开关检修：导体端必须选在该母分隔离开关柜内。接地端应优先采用母分断路器柜上另一把母分隔离开关防误闭锁销子，如该母分隔离开关采用机械程序锁、电磁锁或普通闭锁销子，可选用母分断路器机构下部接地螺栓
6	主变压器 10kV 断路器与不同柜母线（或变压器）隔离开关柜间接地	1. 主变压器 10kV 断路器检修：导体端必须选在主变压器 10kV 开关柜内。接地端应优先采用不同柜主变压器 10kV 变压器（母线）隔离开关防误闭锁销子，如该隔离开关采用机械程序锁、电磁锁或普通闭锁销子，可选用主变压器 10kV 断路器机构下部接地螺栓。 2. 不同柜主变压器 10kV 变压器（母线）隔离开关检修：导体端必须选在该隔离开关柜内。接地端应优先采用主变压器 10kV 开关柜上另一把主变压器隔离开关防误闭锁销子，如该隔离开关采用机械程序锁、电磁锁或普通闭锁销子，可选用主变压器 10kV 断路器机构下部接地螺栓
7	母线检修接地	1. 导体端应选在相应母线电压互感器上方铜排或铝排处。接地端可选用电压互感器柜附近断路器机构下部接地螺栓或电压互感器柜外专用接地螺栓。 2. 如果一段母线上有两台电压互感器，可选择处于相应母线中间位置上的三相电压互感器柜

表 6-4　　　　　　　10kV 开关室中置柜接地端设置范例

序号	内　容	定　位　标　准
1	出线间隔柜内设备检修接地	优先合接地开关，如工作需要挂接地线，由施工人员自行装设
2	10kV 母分断路器柜检修	导体端应选在母分断路器或母分触头柜内铜排或铝排上，接地端选用柜外专用接地螺栓

135

序号	内　　容	定　位　标　准
3	电压互感器、电容器单独检修	导体端应选在柜内铜排或铝排上，接地端选用柜外专用接地螺栓
4	所用变压器单独检修	导体端应选在站用变压器消弧柜内所用变压器低压侧导线上，接地端选用柜外专用接地螺栓
5	主变压器 10kV 断路器柜检修	导体端应选变压器室内主变压器 10kV 穿墙套管处，接地端选用变压器附近专用接地螺栓

表 6-5　　　　　　　　　　　35kV 开关室 GBC 柜接地端设置范例

序号	内　　容	定　位　标　准
1	主变压器 35kV 侧、架空出线线路、站用变压器高压侧接地	1. 后柜门是螺栓固定型：导体端可选在柜外或柜上部铜排或铝排上，接地端可选用柜外专用接地螺栓，但应采取防止漏拆接地线的措施。 2. 后柜门是可开启活动型：导体端必须选在后柜门内铜排或铝排上，并穿过后柜门在柜外专用接地螺栓处接地
2	电缆出线线路接地	导体端选在柜后盖板内电缆头与铜排或铝排连接处，穿过后盖板孔（应拆下后盖板）或后柜门在柜外专用接地螺栓处接地
3	母线检修接地	导体端必须选在相应母线电压互感器柜内母线侧触头引线上，并经过前柜门在柜外专用接地螺栓处接地。接地螺栓可设在电压互感器柜边门内或经过后柜门（活动型）在柜外专用接地螺栓处接地
4	母分断路器与母分触头间接地	1. 后柜门是螺栓固定型，母分断路器及所连母线检修：导体端必须选在母分开关柜内母分触头侧铜排或铝排上，并经过前柜门在柜外专用螺栓处接地。 2. 后柜门是螺栓固定型，母分触头及所连母线检修：导体端必须选在母分触头柜内母分断路器侧铜排或铝排上，并经过前柜门在柜外专用螺栓处接地。 3. 后柜门是可开启活动型，母分断路器及所连母线检修：导体端必须选在母分开关柜内母分触头侧铜排或铝排上，接地端可选在后柜门外，接地线穿过后柜门。 4. 后柜门是可开启活动型，母分触头及所连母线检修：导体端必须选在母分触头柜内母分断路器侧铜排或铝排上，接地端可选在后柜门外，接地线穿过后柜门

五、工作接地线的管理

（1）工作中需要挂工作接地线应使用变电站内提供的接地线，并履行借用手续，装设工作接地线的地点应与变电运维人员一同商定，并不得随意变更。

（2）工作接地线的借用应办理借用手续，由工作负责人在工作接地线借用记录表中填写借用的理由、装设的地点、事件，会同工作许可人共同到现场确认后，履行签名借用手续。变电运维人员应记录工作接地线的去向，工作接地线借用记录表应按值移交。

（3）工作接地由工作负责人监护，工作人员装拆，工作许可人配合，并在工作票（含工作许可人和负责人联）"备注"栏内填写装拆情况，工作接地线装设完成后，接地端应上锁。

（4）对于因工作需要加挂的工作接地线，变电运维人员对其数量和地点的正确性负责，工作人员对其装拆的正确性、安全性负责。

（5）在工作终结前，由工作负责人负责拆除工作接地线，工作许可人结合设备状态交接验收清点接地线数量和编号，确保现场所有工作接地线已全部收回，然后双方签名履行工作接地线归还手续。

六、操作接地的变动

高压回路上工作或电力电缆试验按规定需要对操作接地变动方能工作的，由工作负责人向变电运维人员提出，并经值班负责人同意（根据调度员指令装设的接地开关或接地线，应征得当值调度员的许可）。

操作接地的变动由运维人员负责实施，如果实施过程中有困难可以由运维人员负责监护，工作人员负责实施。操作接地的变动情况应在工作票（含工作许可人和负责人联）"备注"栏内记录。

相关工作完毕，由工作负责人向变电运维人员提出恢复操作接地，工作负责人和变电运维人员应共同核对恢复后操作接地（接地开关或接地线）的名称、编号、位置正确，并在工作票（含工作许可人和负责人联）"备注"栏内记录恢复情况。

第七章

变电站现场作业安全管控

现场勘查制度，工作票制度，工作许可制度，工作监护制度，工作间断、转移和终结制度是电气设备上工作，保证检修人员施工安全和设备安全的组织措施，是电力系统变电运维管理工作的一项重要内容。变电工作票是工作人员在变电站内电气设备上工作的书面依据，在变电站电气设备上或变电站区域内进行检修、安装、维护等工作必须使用变电工作票。现场勘查制度，工作票制度，工作许可制度，工作监护制度，工作间断、转移和终结制度是变电工作票在现场执行过程中必须遵守的具体规定。同时，在变电站电气设备上工作前，还必须完成保证检修人员施工安全和设备安全的技术措施，如停电、验电、接地，悬挂标示牌和装设遮栏（围栏）。在高压设备上工作，应至少由两人进行，并完成保证安全的组织措施、技术措施，还必须遵守高压设备上工作的基本安全要求。

第一节　变电站现场作业的分类

一、高压设备上工作分类

运用中的电气设备，是指全部带有电压、一部分带有电压或一经操作即带有电压的电气设备。在运用中的高压设备上工作，分为三类。

（1）全部停电的工作，系指室内高压设备全部停电（包括架空线路与电缆引入线在内），并且通过至邻接高压室的门全部闭锁，以及室外高压设备全部停电（包括架空线路与电缆引入线在内）。

（2）部分停电的工作，系指高压设备部分停电，或室内虽全部停电，而通至邻接高压室的门并未全部闭锁。

（3）不停电工作，是指：

1）工作本身不需要停电并且不可能触及导电部分的工作。

2）可在带电设备外壳上或导电部分上进行的工作。

二、在电气设备上工作使用工作票分类

（1）变电站第一种工作票。

（2）电力电缆第一种工作票。

（3）变电站第二种工作票。

（4）电力电缆第二种工作票。

（5）变电站带电作业工作票。

（6）变电站事故应急抢修单。

三、工作票的适用范围

（1）以下工作需要填写变电第一种工作票。

1）高压设备上工作需要全部停电或部分停电者。

2）二次系统和照明等回路上的工作，需要将高压设备停电者或做安全措施者。

3）高压电力电缆需停电的工作。

4）换流变压器、直流场设备及阀厅设备需要将高压直流系统或直流滤波器停用者。

5）直流保护装置、通道和控制系统的工作，需要将高压直流系统停用者。

6）换流阀冷却系统、阀厅空调系统、火灾报警系统及图像监视系统等工作，需要将高压直流系统停用者。

7）其他工作需要将高压设备停电或要做安全措施者。

（2）以下工作需要填写变电第二种工作票。

1）控制盘和低压配电盘、配电箱、电源干线上的工作。

2）二次系统和照明等回路上的工作，无需将高压设备停电者或做安全措施者。

3）非变电运维人员用绝缘棒、核相器和电压互感器定相或用钳形电流表测量高压回路的电流。

4）大于设备不停电时的安全距离的相关场所和带电设备外壳上的工作以及无可能触及带电设备导电部分的工作。

5）高压电力电缆不需停电的工作。

6）直流保护控制系统的工作，无需将高压直流系统停用者。

7）火灾报警系统及图像监视系统等工作，无需将高压直流系统停用者。

（3）事故应急抢修单适用于变电站的变电事故应急抢修工作，仅限于变电设备故障引起供电中断的突发事故时使用，而且仅适用于短时间内修复或隔离故障设备。非连续进行的事故修复工作，应使用工作票。

第二节　变电工作票作业规范

变电工作票是变电作业现场标准化的重要组成部分，为指导、规范变电工作票的使用，明确了工作票执行的"六要、七禁、八步、一流程"，提出变电工作票执行的基本条件、禁止事项、基本步骤、流程及安全措施实施要求，以利于变电运维人员正确、规范、有效地审核和执行工作票，进一步指导和规范变电工作票的现场执行依据。

一、工作票执行基本条件（简称"六要"）

1. 要有批准公布的工作票签发人和工作负责人名单

（1）工作票签发人应经单位主管生产领导批准，每年审查并以正式文件公布。

（2）工作负责人应经变电运维部门生产领导批准，每年审查并以正式文件公布。

（3）工作票签发人和工作负责人名单应事先送设备运维管理单位备案。

2. 要有批准公布的工作许可人员名单

（1）工作许可人应经设备运维管理部门生产领导批准，每年审查并以正式文件公布。

（2）跟班实习变电运维人员经上级部门批准后，允许在工作许可人的监护下进行简单的第二种工作票的许可。

（3）许可第一种工作票应由正值及以上资格变电运维人员担任。

3. 要有明显的设备现场标志和相别色标

（1）所有电气设备（包括五小箱）均必须有规范、醒目的命名标志。

（2）现场一次设备要有相应调度命名的设备名称和编号。

（3）现场一次设备要有相别色标。

4. 要有合格的现场作业工作票

（1）在电气设备上工作，应填用合格的工作票。

（2）事故应急抢修可不用工作票，但应用事故应急抢修单。

5. 要有明确的调度许可指令。

（1）调控中心管辖设备工作，应有明确的调度许可指令。

（2）变电站自行调控中心设备或管辖区域工作，应有明确的当班负责人的许可指令。

6. 要有完备的现场安全措施

（1）工作现场应有符合实际的正确完备的安全措施。

（2）安全措施应在工作许可前全部实施完毕。

二、工作票执行禁止事项（简称"七禁"）

1. 严禁无工作票作业

（1）严禁不使用工作票进行现场作业。

（2）严禁不使用事故应急抢修单进行现场事故应急抢修。

2. 严禁未经许可先行工作

（1）工作票未经许可，工作人员不得进入作业现场，不允许开始工作。

（2）工作间断次日复工时未经工作许可人许可，工作人员不得进入作业现场，不允许开始工作。

3. 严禁擅自变更安全措施

（1）变电运维人员和工作班成员均不得擅自变更工作现场安全措施。

（2）工作中确因特殊情况需要变更现场安全措施时，应先取得对方的同意（根据调度员指令装设的接地线，应征得调度员的许可），并将变更情况记录在运行日志内。

4. 严禁擅自试加系统工作电压

（1）在检修工作结束前，严禁擅自对检修设备试加系统工作电压。

（2）确因工作需要对检修设备试加系统工作电压时，应将全体工作人员撤离工作地点，收回工作票，采取相应安全措施，并在工作负责人和变电运维人员全面检查无误后方可进行。

（3）试加系统工作电压由变电运维人员操作。

（4）加压完毕，工作班仍需继续工作时，应重新履行工作许可手续。

5. 严禁随意超越批准的检修作业时间

（1）工作票有效时间以批准的检修期为限，严禁超期工作。

（2）确因故未能按期完工时，应在工期尚未结束前办理工作票延期手续。

6. 严禁未经验收结束工作票

（1）全部工作完毕后，应经变电运维人员验收合格，并将设备恢复至变电运维人员许可时状态，方可结束工作票。

（2）对于无人值班变电站部分简单工作允许未经验收结束工作票的规定，由各单位主管生产的领导批准。

7. 严禁擅自合闸送电

（1）在未办理工作票终结手续前，任何人员不准将停电设备合闸送电。

（2）在工作间断期间，若有紧急需要，变电运维人员可在工作票未交回的情况下合闸送电，但应先通知工作负责人，在得到工作班全体人员已经离开工作地点、可以送电的答复，并采取相应安全措施后方可合闸送电。

三、工作票执行基本步骤（简称"八步"）

第一步：收到并审核工作票。

第二步：接受调控中心工作许可。

第三步：布置临时安全措施。

第四步：核对安全措施，许可工作票。

第五步：办理工作过程中相关手续。

第六步：设备验收，工作终结。

第七步：拆除临时安全措施，汇报调控中心。

第八步：终结工作票。

四、工作票执行流程

工作票执行流程如图 7-1 所示。

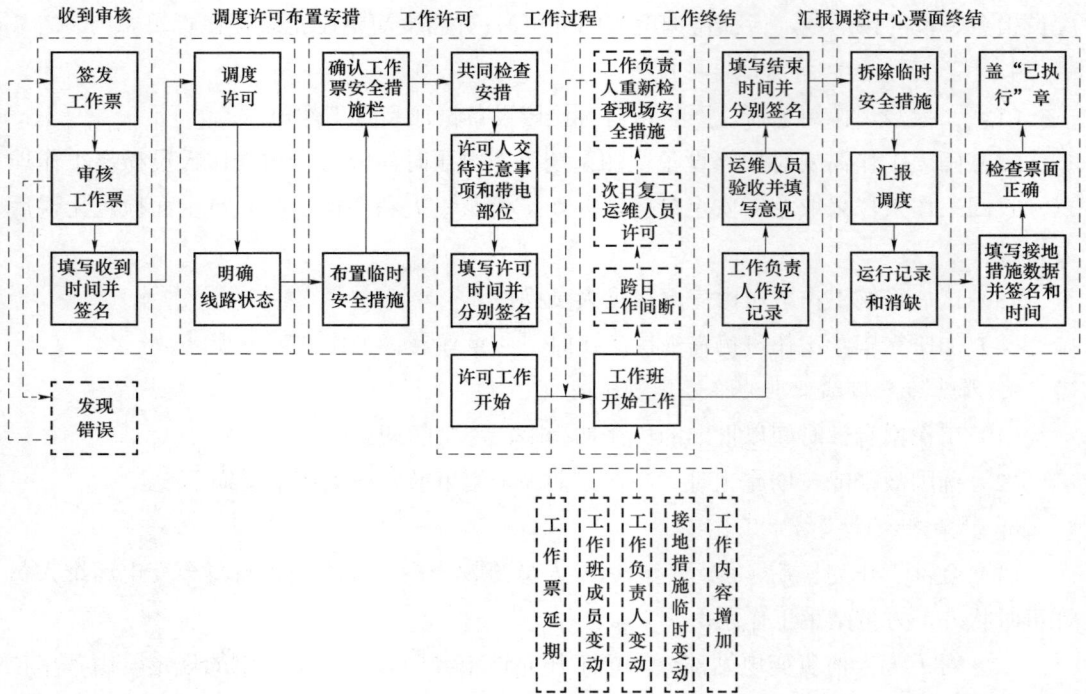

图 7-1 工作票执行流程图

第三节 变电工作票现场执行要求及评价

一、工作票使用原则有关问题说明

（1）对于进入变电站工作可以不使用工作票的工作情况，变电运维人员应加强监督。

1）至少应由两人进行，同时必须落实该工作（项目）的现场负责人，办理工作许可手续，实施开工前安全教育。安全教育单作为工作许可手续依据之一，对人员来源进行审查确认和登记，如工作单位、身份证核对等，或有单位的对应部门出具的工作联系单。

2）具备单独巡视变电站资质的人员巡视变电站或踏勘设备时，应通知所在班组所办或当值人员。除进入变电站必须办理出入登记手续外，对于有人值班变电站，必要时应由班组管理人员或指定变电运维人员陪同。对于无人值班变电站，必要时应通知值守人员陪同。但所在班组工作日志中应有记录备案。

（2）第一、二种工作票和分工作票原则上通过生产管理系统（PMS）进行。当遇特殊情况需采取手工开票的方式时，应注意以下几点：

1）手工票面应采用生产管理系统（PMS）中的格式。

2）事后补票原则上要求在一周内（视具体情况）进行生产管理系统（PMS）补票。要求当值负责人与工作票签发人加强沟通协调，并注意与接班人员交待。

3）生产管理系统（PMS）补票时，工作票签发人应根据规定填写和签发工作票，工作票"备注"栏内注明"手工签发"字样和对应手工票编号。运行人员收到后按许可、终结程序在生产管理系统（PMS）完成相关流程，同时保存原手工票。

（3）一个工作负责人同时只能发给一张工作票。若工作需要，该工作负责人要担任另一份工作票的工作负责人（或工作班成员），则应先结束第一份工作票或将第一份工作票收工，即办理好收工手续，并将工作票交回变电运维人员后，方可担任另一份工作票的工作负责人（或工作班成员）。

（4）除工作票签发人外，票面各角色签名均必须本人签名，严禁代签名。

（5）一张停役申请可以有相应的多张工作票，当班人员必须在运行日志中做好登记管理工作。

二、工作过程中的安全措施变动管理要求说明

（1）工作过程中确需变动安全措施（如高压回路上工作需拆除接地线或拉开接地开关等），应征得变电运维人员许可。如改变调控中心命令的状态时，必须通过变电运维人员征得调度员的同意。工作完毕恢复原状后，工作负责人应及时告知变电运维人员，双方应共同核对无误。

（2）变电运维人员指当值值班负责人。

（3）变动情况必须在变电运维人员联"备注"栏内中做好记录。变动实施按"谁变动，谁负责"的原则执行。

（4）改变调控中心命令的状态时，必须经调控中心同意。但对于线路接地开关或线路隔离开关线路侧接地线，未经调控中心同意，严禁许可，汇报本单位上级有关部门协调解决。

三、在同一电气连接部分同时有检修和试验工作时工作票现场执行管理

（1）同一电气连接部分同时有检修和试验工作时，如果高压试验和检修工作分别开具工作票，现场只允许有一张工作票开工。

（2）工作票签发人应在试验工作票的"备注"栏中说明"试验工作许可前，停止该设备的检修工作，收回检修工作票"，并口头或电话告知工作许可人。许可前，变电运维人员必须确认该设备无检修工作进行，才能许可试验工作票。

（3）检修工作开始后，确因工作需要许可高压试验工作票时，则由试验工作负责人通知检修负责人将检修工作票交回变电运维人员（办理收工手续）后，才允许许可试验工作票。

四、允许使用一张工作票有关问题说明

（1）是否同时停送电，请依据相关停役申请进行核对掌握。

（2）在户外电气设备检修，使用一张工作票必须同时满足下列条件（指母线带电）：

1）同一段母线。

2）位于同一楼层（平面）。

3）连续排列的间隔同时停电检修（即：同时停送电）。

（3）在户内电气设备检修，使用一张工作票必须同时满足下列条件（指母线带电）：

1）同一电压等级。

2）位于同一楼层（平面）。

3）几个间隔同时停电检修（即：同时停送电）。

4）检修设备为有网门隔离或封闭式开关柜等结构。

5）防误闭锁装置完善。

（4）双母线接线方式中一段母线停电，如果与该母线相连的几个间隔设备检修，使用一张工作票必须同时满足下列条件：

1）同一楼层（平面）。

2）几个间隔同时停电检修（即：同时停送电）。

但如果某几个间隔不连续排列，则应分别填用分工作票，即：允许连续排列的间隔合用一张分工作票，不连续排列的间隔分别填用分工作票。

（5）单母线分段接线方式中一段母线停电，如果与该母线相连的几个间隔设备检修，使用一张工作票必须同时满足下列条件：

1）位于同一楼层（平面）。

2）几个间隔同时停电检修（即：同时停送电）。

（6）如因工作需要陪停设备，应列入工作票安全措施栏。如工作未结束，但陪停设备先复役，应重新填用新的工作票。

（7）一台主变压器停电检修，各侧断路器也配合检修，且同时停送电，可以共用一张工作票。

（8）变电站全停集中检修时或某个配电装置全停集中检修，可以共用一张工作票。

五、外包单位进入变电站工作规定

外包单位进入变电站进行变电工作，可分成以下四类，但无论哪一类工作，不管是否实行"双签发"，进入变电站变电运维人员许可流程的工作票，其签发人必须是本单位工作票签发人。

第一类工作：不涉及运用中设备工作（包括一、二次设备和自动化远动装置工作和土建施工等）。虽不涉及运用中设备工作，但要求运用中设备作为安全措施陪停的工作。第一类工作由外包单位担任。对于不涉及电气设备工作，允许由各单位设备运维管理部门担任。

第二类工作：涉及与运用中一次设备的搭拆工作，允许外来施工单位有资质人员担任分票工作负责人。工作负责人由各单位设备检修管理部门担任。

第三类工作：涉及与运用中二次回路的搭拆工作，仅允许外包单位人员作为工作班成员。工作负责人由各单位设备检修管理部门担任。

第四类工作：涉及运用中设备工作。在外包工程中，已与运用设备搭接的一、二次设备均属运用中设备，但如有涉及外来施工单位未完成的安装调试工作（如安装质量问题整改、启动定值输入等），允许施工单位担任工作班成员。工作负责人由各单位设备检修管理部门担任。

外包单位进入变电站进行线路工作时，进入变电站变电运维人员许可流程的工作票必须是设备检修管理部门工作票签发人正式签发的变电第一种工作票，并担任工作负责人。

六、线路部门进入变电站工作规定

对于第一种工作票，进入变电站运维人员许可流程的工作票必须是变电检修室工作票签发人正式签发的变电第一种工作票。变电第二种工作票由线路部门具有变电第二种工作票签发资质的人员签发。工作负责人均由各单位设备检修管理部门担任，注意资质审核。

若线路工作班作为变电工作班的小班参加工作时，变电工作票中应填入线路工作班组名称及其负责人姓名，同时由变电工作票签发人填写分工作票。

七、检修设备解锁管理规定

（1）设备检修需要将相应的闭锁解除时，工作许可人应根据工作负责人的要求仔细核对工作票所列的工作内容，在工作许可时将这些设备的闭锁解除，但必须按下列规定操作，并在工作结束验收后及时恢复闭锁。

（2）用程序挂锁闭锁的设备检修，应将检修设备的挂锁开启并将钥匙带回控制室，由变电运维人员保管，按值移交。

（3）用电磁闭锁的设备检修，由工作许可人在工作许可时将检修设备电磁闭锁开启，当工作中检修设备仍需要解锁时，由工作人员在工作负责人的监护下拆除，工作完毕后由工作人员及时恢复，变电运维人员应认真验收。

（4）用机械程序闭锁的设备检修，按上述（2）条的规定执行。

（5）用机械联锁闭锁的设备检修，工作中需解除检修设备闭锁时，由工作人员在工作负责人的监护下拆除闭锁，工作完毕后由工作人员及时恢复，变电运维人员应认真验收。

（6）用电气闭锁的设备检修，由工作许可人在工作许可时将检修设备的机构箱门开启，当工作中需要解锁时，由工作人员在工作负责人的监护下解除闭锁操作，工作完毕后由工作人员及时恢复原状，变电运维人员应认真验收。

（7）用微机防误闭锁的设备检修，采用机械编码锁的，应将检修设备的挂锁开启并将锁具带回控制室，由变电运维人员保管，按值移交。

（8）在设备检修中，确因检修需要借用作为紧急解锁工具的电动操作隔离开关手摇柄时，在做好相应安全措施后，按紧急解锁工具的动用规定，由工作负责人向变电运维人员办理借用手续，工作结束后及时归还封存。

（9）检修工作需要，必须使用解锁工具时，按紧急解锁工具的动用规定执行。

八、二次工作安全措施票适用范围

（1）110kV 及以上线路的保护。

（2）35kV 及以上变电站的主变压器保护。

（3）母差保护、线路纵差保护、备用电源自投装置、低周减荷、低压（低周）解列装置、故障录波器、主变压器过载切负荷、低电压切负荷、线路过载切负荷等复杂或有联跳回路的保护。

（4）运行中设备二次回路上的拆、接线工作（带电保护更改定值、带电检验）。

（5）对检修设备执行隔离措施时，需拆断、短接和恢复同运行设备有联系的二次回路工作。

（6）工作负责人认为有必要使用二次工作安全措施票的其他工作。

九、变电工作票评价

1. 工作票票面评价

（1）凡有以下情况者，为不合格。

1）工作票种类与工作内容不符。

2）工作票签发人、工作（总）负责人未按规定书面批准。

3）安全措施不正确、不具体、不完整。

4）未按设备双重命名或统一术语填写。

5）简图与安全措施、工作内容不符。

6）工作负责人、工作班人员、班组名称、人数等栏目未填写。

7）安全措施栏漏打勾或漏打叉，接地线号码未填写或与实际不符。

8）缺少签名或有代签名现象（《安规》允许代签名除外）。

9）未按格式要求完整填写时间或填写时间有错误。工作开始时间早于计划工作开始时间或工作终结时间迟于计划工作结束时间。

10）未盖"已执行"章。

11）"工作地点保留带电部分和补充安全措施"栏未填写或交待情况有与实际相反现象。

12）规定不能修改之处进行修改，能修改之处修改不符合规定要求。

（2）凡有以下情况者，为不规范。

1）简图有非原则性错误。

2）编号漏号或重号。

3）打勾出格。

4）上下联套叠复写不准确，有严重串行、串格、缺行、缺字等现象。

5）接地线或接地开关保留未在"备注"栏说明原因和保留接地线编号。

6）印章加盖位置不正确、印章不使用红色印泥。

7）工作班人数与附页中各工作小班人数之和不符。

8）未按规定使用安措卡、附页编号和动火工作票中。

9）"未执行"的不合格票。

2. 工作票执行评价

（1）不合格，并计异常一次。

1）未办理工作许可手续票（包括调度许可）即允许开工。

2）未到计划开工时间即许可工作。

3）已超过计划工作时间，而未办理延期手续或未重新办理许可手续。

4）工作结束未及时汇报所管辖调控中心，导致设备不能及时投运（以超过24h为限）。

5）设备已带电，而"在此工作"标示牌未取走。

6）主变压器或半高层布置隔离开关已带电，而爬梯上仍悬挂着"从此上下"标示牌。

7）主要安全措施严重不完善而许可工作。

8）第1种工作票未到现场进行许可。

（2）不规范，并计差错一次。

1）工作开始后，工作票的两联均在变电运维人员或工作负责人处。

2）工作票未带到现场而许可工作。

3）第2种工作票未到现场进行许可。

4）未按规定进行安全教育或安全教育代签名。

5）次要安全措施不完善而许可工作。

6）工作间断时，工作票（包括附页、动火工作票）未及时收回。

7）工作中安全措施已移动未及时发现并制止。

8）设备已带电，标示牌（"在此工作"，"从此上下"除外）未及时取走，或围栏未拆除，或红帘布未取走等。

9）工作结束后，设备未恢复到许可时状态。

10）工作许可或结束时未按规定进行危险点预控。

（3）凡是发生障碍、事故的工作票均评价为不合格。

3. 工作票评价要求

（1）评价分班组自评和变电运维部门复评两级。班组自评每月一次，在被评月的次月5日前完成。变电运维部门复评每季一次，在每季后一个月内完成，评价后应在票面规定位置加盖"合格"或"不合格"章。

（2）班组在自评后，应按月统计合格率，填写"月两票评价统计表"，并分析本期存在的优缺点，提出下阶段改进意见。变电运维部门复评后，可不再重新评价统计。

（3）在变电运维部门复评后，班组应按季统计合格率，填写"季两票评价统计表"，并提出分析和改进意见，对变电运维部门复评时发现的不合格票应注明票的编号和原因，并进行重点分析。

（4）对"作废"票应按变电运维部门规定进行班组内部考核，对突出问题提出分析和改进意见。

第四节　大型变电检修作业安全风险控制

一、变电检修作业安全风险概述

变电检修作业是电力安全生产的重要组成部分，为保证检修人员施工安全和设备安全，防止工作结束后设备送电操作引发误操作事故，必须正确实施保证安全的组织措施和技术措施。为加强变电检修作业现场的科学管理，近年开始引入电力生产安全风险控制理念，并通过不断深化和发展，已逐步形成了电力生产安全风险管理体系。电力生产安全风险管理主要分为企业安全风险管理、作业安全风险管理、电网安全风险管理等三个层面，每个层面分为危险源辨识、风险评估、风险控制、综合评价四个主要阶段。

危险源辨识是识别危险源的存在并确定其特性的过程。

风险是指在某一特定触发因素作用下，危险源转化为事故的可能性和后果的组合。可容许风险是指企业将危害程度较大的风险变成危害程度较小、可以被企业接受的风险。供电企业所关注的主要是指导致人身伤害和人为责任事故（主要侧重于误操作）的安全风险。

风险评估就是对风险进行分析，确定风险发生的可能性和事故的严重性的过程。

风险控制是通过作业标准化等手段，对评估后的风险进行消除、改善、隔离等过程或过程的组合，使之降至可容许程度。

变电检修作业风险管理是指通过危险源辨识、风险评估和控制等途径，以防止人身伤害和人为责任事故为主线，对检修作业过程中涉及的生产环境、机具与防护、人员素质、现场管理、综合管理等因素和作业过程中可能导致人身伤害或人为责任事故的风险进行分析判断，制订针对性整改和防范措施，实现检修作业现场科学管理和现场作业程序化、规范化、标准化管理，达到防止事故发生的目的。

风险根据其存在的属性分类，基本可分成静态风险和动态风险两大类，但两者是相对的，在一定条件下会相互转化。

（1）静态风险是指客观存在且短时间内不易改变的风险。一般管理制度、作业环境和设备方面存在的风险多属此类。这类风险大多是由于设计不完善或制造和安装检修质量不良造成，比较明显直观，不整改无法消除，并对施工作业产生长期的影响。主要涉及装置性违章（如操作场所照明不足，上下楼梯、平台防护装置不完善，人员技能素质低下，开关室通风设施不符合要求，防误装置设计不完善等）和管理性违章（如管理制度不完善等）。

（2）动态风险是指伴随作业过程而产生且随时可能发生转化的风险。一般行为方面的风险多属此类。这类风险一般不够明显，往往随着时间的推移或外部条件的变化才出现。主要涉及行为性违章（没有按规范进行检修作业，工作时注意力不集中等）和管理性违章（如违章指挥等）。

二、变电检修作业安全风险基本内容

风险预控根据风险的基本分类，分为静态风险预控和动态风险预控两部分内容，即通过辨识、评估、控制三个阶段，遵照 PDCA 循环控制理论，对风险进行有效管理。

（1）对变电站现场客观存在的危险因素进行辨识，可以让每一个员工知晓工作中的危险因素，增强员工的安全意识，提高对风险的防范水平。

（2）针对危险源辨识情况（具体扣分项目），对客观存在的危险因素进行评估，确定其风险等级，制定整改或控制措施，建立风险数据库，实现危险源的动态管理。通过风险评估可以让管理层和作业人员对风险的严重程度及可能产生的后果有具体的认识，丰富和完善风险数据库，同时也可作为落实下一步检修或技改计划，提高工作效率的理论依据。

（3）实施作业现场安全风险控制，避免事故的发生，提高企业的安全管理水平。主要是针对某一个具体的检修作业项目，利用现场踏勘、对照变电检修作业风险辨识范本、查对风险数据库等手段，对检修过程中可能产生的危险因素进行辨识，确定其风险等级，制定风险防范措施，规范作业行为，实现危险源的实时控制。

三、变电检修作业安全风险基本方法

变电检修作业安全风险基本方法分为静态风险控制和动态风险控制。对生产现场而言，以具体的风险为控制对象，所采用的主要手段是实施整改措施、落实组织措施和安全技术措施、预警提醒和监护、规范作业行为、实施标准化作业等。

1. 静态风险的控制方法

一般静态风险是固有的、长期存在的，不采取彻底的整改措施是无法消除的，对作业人员的威胁是永久性的。所以，必须尽最大努力从根本上消除风险，同时兼顾现实可能性和经济性，可以采用下面几种方法。

（1）永久性消除风险。对基建改造工程，要从设计、选型、制造、安装、验收各个环节严格把关，采用各种技术手段从根本上避免风险的产生。对于已经存在的风险应结合大修进行技术改造，彻底消除。如防误闭锁装置不完善，必须进行改造，加装微机防误装置等。

（2）暂时性消除风险。对于一些从技术和经济角度上难以改造或彻底消除的风险，在不影响供电可靠性的基础上，可以采取必要的安全措施使其暂时消除。如操作现场照明不足，可加装临时照明设施。通风不良，可增加临时通风设施。

（3）隔离风险。对于一些无法消除的风险，可采用视觉警告（亮度、颜色、信号灯、标志等）、听觉警告（如警铃、警报等）、气味警告（如不同的气味等）和感（触）觉警告（如温度、阻挡物等），从空间上将风险隔离开来。如变电站"止步，高压危险！"标示牌可防止操作人员误入带电区域。

（4）防护风险。对于无法隔离的风险，可从加强工作人员的防护措施着手加以解决。如对于近距离巡视高电压等级设备的变电运维人员，要求穿戴静电防护服等。对人员素

质评估为"基本适应"的人员，可采用双人操作、人机并行操作、设计审查等方法，监督作业人员行为，使其安全可靠。

（5）减弱风险。事故通常是由小到大，由近至远。为了控制危险发生后的事故危害范围，对危险作业地点（如易发生火灾的车间）或危险设备（如充油的电力设备）应事先做好准备（如设立自动灭火器），一旦出现事故，将其控制在发生地。为防止风险失控后释放的能量伤害人员和设备，可采取分流（如泄压阀）、隔离（如防暴墙）、安全出口或通道、发放自救器材等措施。

2. 动态风险的控制方法

针对动态风险隐蔽性和随机性的特点，在检修作业前应深入分析和预测检修过程中可能出现的各种不安全行为，有针对性地采取可靠的安全措施，防止风险的产生和增加。目前一般采用风险控制卡进行检修作业风险控制。对变电运行专业来说，主要还是控制倒闸操作风险，检修作业风险控制的具体实施由检修部门负责，运行主要掌握工作票许可、终结环节风险控制为重点。

第八章

变电站基建（技改）工程施工安全

随着电网的发展，目前变电站基建（技改）工程任务繁重，本章着重从变电站基建（技改）工程的进所作业基本条件、工程现场安措设置要求、施工过程管理、运行准备及投产启动管理、工程安全风险管理等方面出发，从变电运维专业出发全过程管控变电站基建（技改）工程施工过程中的每一个细节、流程，从而提升基建（技改）工程施工过程的安全管理工作。

第一节　变电站扩建、技改工程进所现场作业安全要求

一、外包单位进入变电站施工的基本要求

1. 施工单位基本条件

进入变电站的施工单位，应在当年年度外包单位安全资质合格名单中，此名单由所在施工单位安全监督部门每年审核一次后并公布。

2. 施工单位应提供的相关资料

外包工程相关单位在施工现场应具备的资料主要有安全协议书、施工方案和电力外包工程人员资质审批单。施工单位在施工前应向作业班组提供以上资料，方能进入变电站进行工作。

（1）安全协议书。

安全协议书是外包施工单位与各单位项目管理部门签订，符合现场工作实际，满足新建、扩建、改建、土建和检修等不同工程的安全工作要求。安全协议书应经各单位项目主管部门、安全监督部门等相关处室和分管公司领导会签，经外包单位和发包单位签字盖章后生效。

（2）施工方案。

开工前工程项目主管部门应组织召开工程施工协调会，外包施工单位应根据现场踏勘情况和施工协调会要求，制订施工组织设计（或组织方案）报发包单位审批。按规定编制、审核、批准作业计划和施工方案及"三措"（即组织措施、技术措施和安全措施）。

（3）电力外包工程人员资质审批单。

施工现场应具备的资料外包施工单位按"谁发包、谁负责"的原则，由各单位项目管理部门负责提供经本单位安全监督部门批准的相应资质名单，用于施工现场现场人员核对确认：

1）有本单位项目管理部门签署意见并盖章。

2）有本单位安全监督部门批准意见并盖章。

各变电运维班应配合单位项目管理部门，督促现场工作人员佩证上岗。项目施工技术方案和"三措"计划应在施工前交设备运维管理部门安监人员审核，并通知相关变电运维班开工。在施工期间，如发现外包单位施工人员严重违章，应立即停止其工作，及时汇报本单位项目主管部门和安全监督部门。

二、变电站基建（技改）工程现场安全措施

（1）在已带电运行的变电站内进行施工，施工前设备运维管理部门应对施工单位进行安全交底，详细交代项目建设工作地点周边设备带电情况及其他施工安全注意事项。

（2）已投运的变电站施工时，应设置全封闭安全围栏，围栏高度应在 1.8m 以上，做好设备运行区域与改、扩建区域的安全隔离工作，注意围栏边缘与带电设备的安全距离应符合《安规》要求。

（3）开关室内工作，原则上只开放与工作区域最近的大门，要求工作人员就近进出开关室，不得穿越运行区域。

（4）基建设备与运行设备应有明显断开点，变电运维人员应督促施工人员做好可靠的安全措施，严防误动、误碰和误跳运行设备，与变电站相连接的未投运线路终端塔的跳线应保持断开。

（5）运行变电站因工作需要开挖已封堵的孔洞，应与当值联系，并做到当天开挖、当天封堵、人离即封堵，实行谁开挖谁封堵的原则。如影响次日工作，也应采取可靠的临时措施，但需经当值变电运维人员验收。因工作需要移动防鼠挡板，由工作负责人与变电运维人员联系同意后方移动，工作完毕，立即复原，若有必要应派专人看护。

（6）基建施工电源宜使用与站用电源分开的独立电源，若必须使用站用电源，变电运维人员必须合理安排站用电的运行方式，严防主变压器冷却、隔离开关操作、断路器储能及直流充电电源失去。检修电源必须接在变电站合格（装有剩余电流动作保护器）的电源箱内，禁止在现场电气设备上接取检修电源，拆接电源应由电气专业人员进行并有专人监护。

（7）变电站必须设限高标志。车辆行驶时应注意保持车辆与电气设备的安全距离，车身高度不超过行车通道上的行车安全限高标志。与工作无关的车辆不得停留在变电站电气设备区域内。

三、变电站基建（技改）工程现场施工过程

（1）现场施工必须严格执行工作票制度。

开工前，外包单位将工作票签发人（仅适用于双签发）、工作负责人、工作人员和动火作业票签发人、审核人、工作负责人和动火执行人名单以及最近一次《安规》（安全知识）考试成绩等有关资料，报各单位项目主管部门签署意见和盖章，并经各单位安全监督部门审批后，由项目主管部门在开工前三天将此审批单及相关资料交与工程相关的部门。

（2）外包单位进入变电站进行变电工作分成四类：

1）第一类工作：不涉及运用中设备工作（包括一、二次设备和自动化远动装置工作和士建施工等）。

2）第二类工作：涉及与运用中一次设备的搭拆工作。

3）第三类工作：涉及与运用中二次回路的搭拆工作。

4）第四类工作：涉及运用中设备工作。虽不涉及运用中设备工作，但要求运用中设备作为安全措施陪停的工作。

（3）工作票按下列原则签发：

1）第一、二类工作由本单位设备检修管理部门签发，并实行"双签发"，即外包单位有资质的人员先按变电工作票格式填写一份工作票，并对票面内容的正确性负责，然后交本单位设备检修管理部门工作票签发人正式签发。对于不涉及电气设备的工作，可不采用"双签发"，但项目主管部门应按规定要求出具工作联系单作为签发依据。

2）第三、四类工作由本单位设备运维管理部门签发。

3）涉及电气设备工作，原则上由本单位设备检修管理部门工作票签发人签发。

（4）工作负责人（包括分工作负责人）按下列原则担任：

1）第一类工作由外包单位担任。

2）第二、三、四类工作由本单位设备检修管理部门担任。

（5）工作班成员按下列原则承担：

1）第一、二类工作由外包单位承担。

2）第三类工作由本单位设备检修管理部门承担，允许外包单位人员作为工作班成员。

3）第四类工作由本单位设备检修管理部门承担。

（6）外包单位进入变电站进行线路工作时，先由外包单位线路工作票签发人签发线路第一种工作票，明确所有安全措施，并对票面内容正确性负责，然后交本单位设备检修管理部门变电工作票签发人正式签发变电第一种工作票，并派遣工作负责人。

（7）对于由外包施工单位担任工作负责人的外包工程，外包施工单位人员需进入变电站工作并担任变电工作负责人时，履行与工作票签发人相同的审批手续，并由工程发包主管部门发放"施工证"。

（8）动火工作票的执行规定如下：

1）根据工程动火工作需要，外包单位应落实动火工作票签发人、审核人、工作负责人和动火执行人，并按发包单位规定办理审批手续。

2）若动火工作区为运用中电气设备区域，则动火工作票不得独立使用，必须与变电第一种或第二种工作票配套使用，其动火工作负责人作为工作票中的工作班负责人，动火工作票由发包单位许可，使用发包单位动火工作票。

3）若动火工作区为不涉及运用中电气设备并明显隔离的基建设备区域，动火工作票可独立使用，动火工作票允许外包单位许可，使用外包单位动火工作票。

4）在继电保护室内需要进行焊接、切割等动火作业时，必须做好防止保护误动的措施。在电缆、二次线、低压线及其他绝缘电线附近进行焊接、切割等动火作业时，应保持足够的安全距离，采取必要的隔离、防护等防火措施。

（9）外包单位如需增加或调换人员、更换工种，应经项目主管部门审核同意后，重新办理"施工证"或"劳动证"。若人员角色发生变动，也应重新履行相关手续。

（10）施工过程中发生异常或故障时，应立即停止工作，并保护好工作现场，待查明原因，经领导同意后，方可恢复工作。施工过程中发生人身伤亡、火灾、环境污染、场内交通等事故，双方应尽力组织抢救伤员和保护现场，启动应急预案。按照有关事故报告、调查规定，及时向各自的上级主管单位报告，发生重特大事故时还应向地方安全生产监督管理局和政府有关管理部门报告，外包单位配合发包单位协助或组织事故调查。

（11）由本单位设备运维管理部门担任工作负责人的不涉及电气设备的土建施工，由本单位设备运维管理部门安监人员根据本单位项目主管部门出具的工作联系单，联系单位应明确工作地点、工作时间、施工单位、施工负责人及相关施工人员，并提供身份证复印件进行审批，并发放劳动证，相关审批材料和劳动证，作为现场允许工作的书面依据。开工前必须做好安全教育工作。

1）监护人的安全职责：

① 检查施工人员的施工证或劳动证。

② 检查工作票所列安全措施是否正确完备和当值所做安全措施是否符合现场实际条件。

③ 结合当天工作进行安全思想教育。

④ 工作前对工作人员交待安全事项（工作范围、带电区域、进出通道及在工作中应注意的安全事项）。

⑤ 督促工作人员遵守安规和交待的安全注意事项，防止误入（登）带电间隔、误碰带电部位。保证施工设备与运行设备保持足够的安全距离，防止误碰运行设备。

2）安全教育应书面进行，施工教育完毕双方在施教单上签名。

第二节　变电站新建工程运行准备及投产启动

变电站投产流程可以分为五个阶段：前期准备、现场准备、设备验收、投产启动及后续完善。流程说明如图 8-1 所示。

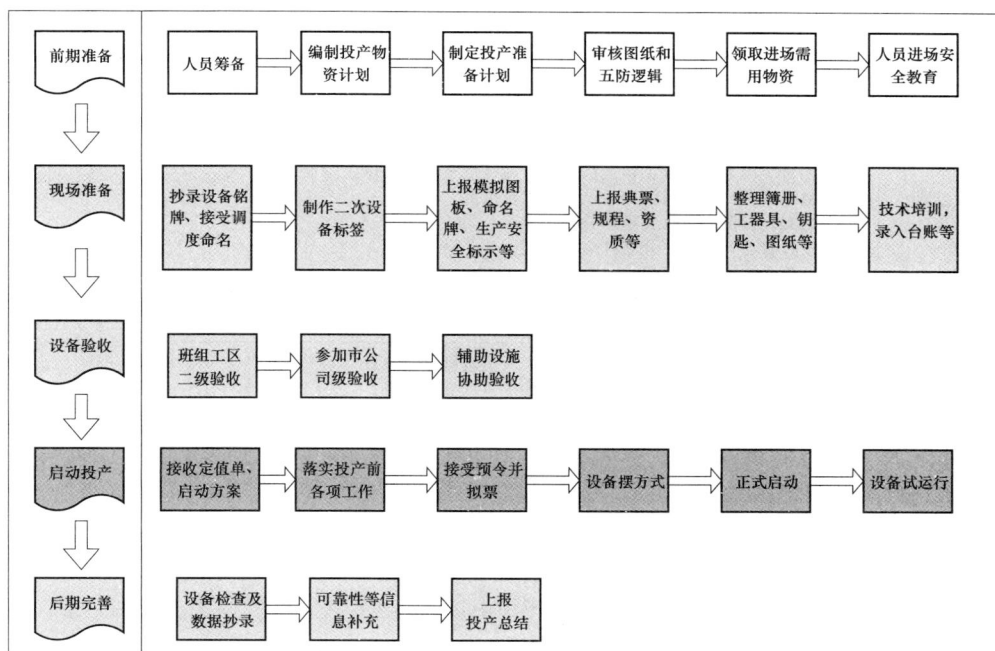

图 8-1　变电站新建实施流程

一、前期准备

1. 人员筹备

为了确保投产准备工作的充分开展，所属变电运维班应及时抽调变电运维人员组建投产小组。对于新建 220kV 变电站，要求投产小组在投产启动前 60 天全部到位。

变电运维班所辖变电站投产，投产小组人数由运维班根据投产工作需要和变电站内实际情况自行确定。具体可以参照表 8-1。

表 8-1　　　　　　　　　　变电站新建投产参与人员分工职责表

人员角色	分工职责
变电运维班主管技术员	1. 制定投产物资计划。 2. 审核一、二次设备标签。 3. 审核现场运行规程、典型操作票、预案等，并上报批准。 4. 负责投产前设备状态的全面复查。 5. 审核防误逻辑等，对变电站验收工作提供指导。 6. 投产全过程现场指导。 7. 协调投产过程中出现的问题
变电运维班班长	1. 制定投产准备计划。 2. 投产人员组建。 3. 设备命名牌、模拟图板、标识统计上报，安装配合。 4. 配合生产家器具、物品、资料就位，并组织人员定置定放。 5. 接收安全用具，送检后组织人员定置定放。 6. 组织进行变电运行专业投产自验收。 7. 组织人员协助进行变电站验收。 8. 填写投产启动报告。 9. 启动人员合理排班。 10. 投产过程跟踪监护

人员角色	分工职责
变电运维班 副班长 （技术）	1. 投产图纸审核。 2. 初审一、二次设备标签，完成后交变电运维班主管技术员复审。 3. 编写现场运行规程、典型操作票，完成后变电运维班主管技术员审核。 4. 组织培训，值班员资质考试，并上报批准。 5. 组织人员协助进行变电站验收。 6. 接收启动方案，并开展针对性培训。 7. 审核启动预令操作票。 8. 编制投产启动状态摆放核对卡，待启动状态摆放后，会同现场负责人进行复核。 9. 投产过程跟踪监护。
变电运维班 副班长 （安全）	1. 人员进场前进行现场勘探，对投产人员进行安全交底。 2. 对投产准备现场进行安全监督，确保各项安全措施。 3. 投产过程跟踪监护。
变电运维人员	1. 抄录全站一、二次设备铭牌数据，并电子化，生产管理系统完成设备台账录入。 2. 完成全站一、二次设备标签命名初稿，审核后完成标签、现场图表制作贴设。 3. 协助参与变电站验收。 4. 接收施工单位操作工具、设备钥匙等移交工作。 5. 统计全所熔丝等备品备件，建立材料账卡。 6. 继电保护定值整定单核对，并执行。 7. 接受启动预令，拟写、审核启动操作票。 8. 组织人员完成启动设备状态摆放

2. 编制投产物资计划

投产物资计划由变电运维部门主管技术员负责编制，变电运维部门安监人员应对安全工器具和生活用品的配置进行指导，投产班组可结合自身需求提出修改意见。

3. 制定投产准备计划

变电运维班班长应根据变电站投产日程合理制定投产准备计划，内容包括人员分工、培训计划、投产工作责任分解及进度安排等，一份上报上级分管领导审阅，一份变电站留底。

4. 审核图纸

变电运维部门各级人员在收到变电站的图纸后，应认真阅图，根据分管职责，分别对图纸的各个分册提出问题或改进意见，经部门分管领导审核后，以书面形式在施工图会审及施工协调会上提出。

5. 领取进场需用物资

根据投产物资计划，结合现场投产的需要，投产人员在进场前可领取一部分物资，主要包括办公用品及生活用品，具体可参考表8–2。

表8–2 投产需用物资清单

序号	办公用品	序号	生活用品
1	计算机2台及以上	1	办公桌
2	打印机及打印纸	2	椅子
3	标签打印机及标签纸	3	扫把

序号	办公用品	序号	生活用品
4	塑封机及塑封纸	4	拖把
5	照相机、U 盘	5	毛巾
6	交换机及网线	6	电热水壶
7	裁剪工具 2 套	7	簸箕
8	多功能插座	8	热水瓶
9	硬面抄、记录簿、签字笔	9	垃圾桶
10	双面胶、琴线（扎带）		

6. 人员进场安全教育

（1）变电运维班安全员应认真踏勘投产现场，并在投产人员进场前组织一次安全教育，对现场存在的危险点和防范措施等进行交底。安全教育应有书面记录和人员签名，有条件的班组可将制度上墙。

（2）参与投产人员应严格遵守安规，按规定使用劳动防护用品和安全工器具，服从投产负责人的指挥，防止高空落物、电缆沟坠落、低压触电等人身伤害事故的发生。

二、现场准备

变电运维班班组管理人员应及时了解新建变电站工程的土建施工进度和设备安装进度，并根据工程建设进度情况及时安排运行人员进入变电站现场进行准备工作。一般应在设备调试工作开始前安排运行人员进场。

1. 抄录设备铭牌参数

（1）设备铭牌参数抄录工作应就地进行。抄录时可用数码相机将设备的铭牌拍下，拍摄的照片应做到画面清晰、数据齐全，且与设备一一对应，切勿混淆。对于用相机拍摄效果不佳的设备铭牌，可人工进行抄录。

（2）所有拍摄照片和抄录数据均应根据电压等级和设备类别，分类整理后保存，作为设备台账的原始资料。

（3）设备台账应包括设备命名、主要铭牌参数和铭牌图片、投运日期等，存储形式以电子文档为宜，每组设备建立一个文档，并及时备份。

（4）设备台账的分类及文件夹的初始建立可按间隔进行，投产后参照生产管理系统中设备树的结构重新整理。

2. 接收调度正式命名

（1）变电运维班主管技术员应与调控中心加强联系，请及时下达设备正式命名和运行方式，以便于投产后续工作的顺利开展。

（2）调度正式命名下达后，投产人员应及时核对并更新变电站设备命名牌清单、全站设备标签、设备台账等。

3. 制作全站设备标签、导航图

（1）编制全站设备命名初稿。

（2）标签装设要求：

1）户内外继电器、压板、插拔、空气断路器、切换小开关、小闸刀、按钮等元件应有命名和标签，要求规格统一、字迹清晰。熔丝标牌应有名称、代号及熔丝规格。

2）多单元的测控屏、保护屏上，各单元应有明显的分割线或用不同颜色标签区分。屏后每一单元的端子排上部，应表明单元名称。

3）多位置的切换开关，每一切换位置都应有明显标志。

4）在外露的跳闸出口继电器的外壳上，应有禁止触动的红色电波标志。

5）保护及测控屏上应贴有导航图，主要包括菜单结构、操作方法、定值区划分和其他一些注意事项。

6）变电站内各类物品器具（包括安全工器具、备品备件、电器、办公设施等），以及消防、图像监控、污水处理、雨水排放等辅助设施、均应制作合适的标签。

7）对户外灯具、户外爬梯挂牌、非组合电容器、主变冷却器、烟感等有多个同类型装置的设备设施、要求一一编号，分布较散的宜绘制分布图。事故照明和常用照明系统的灯具和开关宜用红点等方法予以区分。

（3）全所设备命名标签统计、制作、安装的工作量较大并贯穿整个投产过程，投产班组应对命名、绘制、裁剪、贴设等工作分别指定责任人，既分工明确又责任到人。具体可参照第二章第二节。

（4）变电运维班主管技术员和变电运维班班组管理人员应对全所设备标签的制作进行指导和审核，并与图纸和现场设备进行认真核对。

4. 上报、制作、安装模拟图板

一次模拟图板由变电运维班班组管理人员根据主控室空间确定模拟图板的尺寸和布局，并提供一次接线图、接地点位置、接地线编号，经审核后，上报制作。安装工作应在投产前一周完成。

5. 上报、制作、安装设备命名牌

（1）变电站现场全站设备均必须有规范、完整、清晰、准确的命名标志，包括端子箱、控制箱、电源箱等。设备命名应以调度命名、图纸、设备实际功能为依据，定义清晰，具有唯一性。功能、用途完全相同的设备，其设备命名牌应统一。

（2）室内设备命名牌宜采用塑料牌，室外设备标示牌可根据实际情况采用铝合金牌或者塑料牌。

（3）投产人员将统计的设备命名牌清单上报制作，并明确相应的时间要求。

（4）对于送达到站的设备命名牌要仔细核对，检查是否有遗漏或错误，发现问题及时联系制作单位重新制作，以免影响变电站启动。

（5）所有设备命名牌的安装完毕后应再次核对无误。

6. 上报、制作、安装生产安全标识

（1）生产标识

1）变电站正式命名下达后，一般由土建施工单位负责完成地标墙、站铭牌。

2）投产人员根据变电站实际情况统计站内房间命名牌、门牌和楼层指示牌等，上报制作并安装。

3）门厅、主控制室、通信机房、主机房、继保室等功能房间的玻璃门应安装有国网样式的统一高度的防撞条。

4）文化指示牌应包括操作票、工作票"六要、七禁、八步"和一些安全警示语等。

送达变电站后，投产人员应对其正确、标准性进行检查核对，如有问题及时反馈，并指导安装人员装于合适位置，安装应符合国网标识设施安装规范。

（2）安全标识

1）变电站入口醒目处应设置相应的安全标志牌，如"当心触电""未经许可不得入内""禁止吸烟""必须戴安全帽"等，并应设立限速、限高的标识。

2）变电站设备区与其生活区之间应装设永久性隔离围栏，围栏应牢靠，人员出入的门应加锁。

3）构架、设备爬梯上应安装有警示标志牌，正面有"禁止攀登，高压危险"字样并朝向人行过道。

4）电气设备压接型地线的接地端应设置接地端牌，电气设备的接地扁铁上应设置接地斑马条，由安装人员根据现场实际统一安装。

5）生产用房入口醒目处应设置相应的警示标志牌，如"禁止烟火""禁止使用无线通信""注意通风""随手关门，严防鼠害"等。

6）灭火器箱、消防水带箱旁应设置相应的箱牌，并进行编号。

7）继保室、通信室、主控室等生产用房门口应设置防鼠挡板。电缆进出口处，应安装防小动物重点部位牌。

8）台阶的上下第一档应涂黄色警戒油漆，悬挂或内嵌消防箱墙前的地面应画禁界栏。

9）各类户外安装的标识如为金属材料的，则在安装时需敷设接地。

7. 上报、制作、安装家具

（1）家具包括窗帘、主控桌、办公椅、办公桌、安全用具柜、资料柜、备品备件柜等。

（2）家具制作原则上采用标准设计，班组可根据实际需要提出设计需求。因家具制作周期较长，一般应在投产前一个半月确定方案并开始制作。

（3）家具一般应在验收前一个星期安装就位，以便于其他物品摆放入柜及制作标签。

（4）主控桌内的接线应督促施工单位按照准军事化的要求执行，家具及物品摆放也必须按照准军事化要求。

8. 接地线定位

（1）接地线的定位要符合《国家电网公司电力安全工程规程（变电部分）》要求，并与防误逻辑相一致。

（2）接地端应设置三角形的接地指示牌，并区分操作接地和工作接地。

（3）导体端的定位应尽可能具备防误闭锁功能，并方便变电运维人员操作。如果导体端所在铜（铝）排包有热缩套，应要求施工单位割除大约 7cm 宽度，并且相间交叉布置。

9. 提供后台设置需求

（1）投产人员应向后台厂家提供设备遥控编码、操作人（监护人）密码、准确的光字描述、五防预演图中虚接点位置等资料，便于厂家人员设置。

（2）投产人员应检查后台是否具备以下报表或功能：电量平衡报表、各出线及主变运行日报、各母线电压曲线、CVT 后台电压监视、电压及负荷越限报警，如缺少应要求厂家人员设置。如有其他需求也应尽早提出。

（3）一般后台设置应在验收前一个星期完成，并经变电运维班班组管理人员验收通过。

10. 上报典型操作票、现场专用运行规程、预案及资质送审

（1）典型操作票。

1）典型操作票由变电运维班班组管理人员负责编制。

2）典型操作票的编制必须符合安规、各级调度规程相关规定，按调控中心提供的操作任务和任务顺序的要求进行。典型操作票的内容必须结合站内一、二次设备实际情况，继保整定单要求、运行注意事项等内容，保证其准确性和可操作性。

3）典型操作票的内容和要求。

① 典型操作票应包含审批单、修改变动记录、动态检查记录、目录和内容等。

② 典型操作票的任务应与调度任务相一致，内容应符合调度命令。

③ 典型操作票的任务应能满足各种运行方式下的操作要求。

④ 典型操作票中所有设备名称与现场实际设备命名完全一致，操作术语按调度规程要求执行。

⑤ 程序操作的变电站应具备程序操作典型操作票，并履行同样的审批手续，同时程序操作的变电站还应备有常规典型操作票，以备应急。

4）典型操作票审批。

变电站的典型操作票由变电运维班主管技术员及部门分管领导审核后，经单位设备运维管理部门、调控中心审定，由单位总工程师批准，审批时间不应超过 30 天。

（2）现场专用运行规程。

1）现场专用运行规程由变电运维班班组管理人员负责编制。

2）现场专用运行规程的编制依据为安规、各级调度规程和电气设备、自动化装置等

电力行业运行、检修、验收、设计规程，也应参考图纸和厂家说明书。现场专用运行规程也应包括上级部门和本单位颁发的运行操作规定。

3）现场运行规程的内容：

① 一次主接线、调度范围划分、正常运行方式、运行限额、雷季运行方式等。

② 一、二次电气设备（包括自动化设备、所用电、直流系统、防误装置、防雷接地装置等）的型号、主要技术参数、生产厂家、安装位置及数量。

③ 巡视检查维护、定期试验切换的项目、内容和要求。

④ 投运和检修的验收项目。

⑤ 运行、操作注意事项和特殊要求。

⑥ 事故及异常情况的处理方法与程序。

⑦ 交、直流熔丝的配置和安装位置。

⑧ 日常运行、维护工作。

4）现场运行规程编制要求。

① 应明确各种运行情况下的操作、检查，异常及事故情况下的处理原则和要求，且具可操作性。

② 内容应切合实际，文字表述层次分明，简洁、准确，通俗易懂。

③ 公式、图样、表格、符号、代号和其他技术内容应整齐、准确。

④ 名词、术语、符号、代号应前后一致。

⑤ 计量单位名称与符号，物理量名称与符号，计量名词术语，以及其他的名称与符号，凡国家已有统一规定的，一律按照规定书写。

5）现场专用运行规程审批。

变电站的现场运行规程由变电运维班主管技术员及部门分管领导审核后，经本单位设备运维管理部门、调控中心审定，由本单位总工程师批准，审批时间不应超过30天。

（3）各类预案及流程。

为完善应急处理机制，应对突发事故及事件，变电站还应编制现场应具备的各类应急预案和流程，经变电运维班主管技术员审核，经部门分管领导批准后使用。

（4）值班员定岗。

在变电站投产前应组织一次上（定）岗考试，考试内容分为应知、应会、安规三部分，重点在了解变电运维人员对投产变电站的设备组成及运行方式、事故和异常处理、操作方法和运行注意事项等内容的掌握情况。变电运维班班长应按规定安排变电站投产后留守值班人员，并将人员名单提交本单位人力资源部审批后发布，同时上报各级调度。

11. 领用工器具及其他物品

（1）投产变电站内所有生产、生活设施的定置定放应根据现场实际情况制定，并符合准军事化要求。一般应在验收前一周就位。

（2）操作类工器具由电气施工单位在投产前向投产人员进行移交，投产人员应认真核对检查，如有缺失，反馈施工单位并及时补全，齐全后双方签字确认。

（3）安全工器具由变电运维班主管技术员在变电站投产一个月前领用，并交试验站试验，在变电站投产前一周与其他安全用器具一起送达变电站。投产人员应认真核对安全工器具的种类、数量以及试验日期是否正确，并签字确认。

（4）熔丝类备品由投产负责人在投产 3 周前整理出所需的型号、数量，上报购买，相关规定如下：

1）各电压等级母线电压互感器高压熔丝各备 6 支，每台站用变压器高压熔丝各备 3 支（型号相同时可共备 3 支）。每种规格低压熔丝易熔品为 20 只、不易熔品为 10 只，其余由变电站自行掌握。

2）电压互感器和站用变压器熔丝应分柜放置，并在柜门定置签上注明熔丝规格，如高压熔丝上无额定电流标志，应在熔管上贴上标签注明额定电流，以防混淆。

12. 接收竣工图及资料

（1）在验收前，施工单位应向投产人员移交竣工图、厂家说明书、二次设备清单等技术资料。投产人员应认真清点核对，做好接收工作。

（2）竣工图应与现场实际相一致，如有变动，应经施工单位修改并盖章确认。

（3）施工单位在验收前还应提供二次设备密码等运行人员需要的参数资料。

（4）变电站应具有的图纸如下：

1）站用电主接线图。

2）直流系统图。

3）正常和事故照明接线图。

4）继电保护、远动及自动装置原理和展开图。

5）全站平、断面图。

6）组合电器气隔图。

7）直埋电力电缆走向图。

8）接地装置布置以及直击雷保护范围图。

9）消防设施（或系统）布置图（或系统图）。

10）地下隐蔽工程竣工图。

（5）变电站图纸及其他资料应建立清册，按照存放要求放置在资料柜中。

（6）为使用方便，投产人员可在进场后先与施工单位移交部分资料，待投产前再补齐。

13. 接收钥匙并定位

（1）变电站内房屋钥匙一般由土建施工单位向投产人员进行移交，一、二次电气设备的相关钥匙一般由电气施工单位向投产人员进行移交。

（2）投产负责人应关注土建、电气施工单位的施工进度，及时接受相关钥匙并进行核对检查，如有缺失反馈施工单位并及时补全。如齐全双方签字确认。

（3）投产人员根据站内实际情况，将不同电压等级、不同功能的钥匙进行分类，并制作相应的钥匙扣标签。钥匙箱里的钥匙要统一编号，对号放置。

（4）钥匙箱一般应放置在主控室及就地继保室方便变电运维人员取用的地方。

三、设备验收

1. 班组、变电运维部门二级自验收

投产前一个星期，班组应对所做运维准备工作进行自验收，并将检查出的问题进行整改。

在班组完成自验收并整改后，变电运维部门应组织人员进行二级自验收，并将检查出的问题反馈给班组和安装单位。

2. 参加单位验收

（1）防误装置协助验收。

1）变电站防误逻辑应满足防止电气误操作的要求。

2）防误验收前，应根据变电站防误逻辑编制防误逻辑试验记录表，并对其准确性和全面性负责。验收时，变电运维人员应按记录表对各设备防误功能逐一进行实际操作验证，必要时可要求检修或安装单位配合。

3）微机编码及锁具名称应与典型操作票一致，并应与实际装设地点对应。可以通过模拟预演写入电脑钥匙并对机械编码锁开锁进行验证。

4）新设备投产必须具备规定的防误功能，且经验收合格。

（2）防小动物措施协助验收。

1）主控室、蓄电池室、开关室、电缆室等属于防小动物重点部位，上述各室必须在门口装设防鼠挡板，门窗应完好严密。

2）高压室通往室外的电缆沟、通道应严密封堵。各开关柜、电气间隔、端子箱和机构箱应采取防止小动物进入的措施。

3）开关室、蓄电池室、配电室的通风窗（换气扇）外侧应加装防护纱网。

4）需变电运维人员经常翻动检查的电缆盖板宜采用轻质电缆盖板，以便于变电运维人员定期对电缆进出孔洞进行检查。

5）变电站在设备验收前，基建部门和施工单位应提供孔洞分布图及封堵自查书面情况交验收人员，并会同三方逐一到位检查封堵情况，办好验收交接手续。

3. 辅助设施协助验收

（1）变电运维人员还要参加生活辅助设施的验收，确保各项设施满足站内生产生活要求。

（2）站内环境应整洁，场地平整，道路畅通。设备区无杂草、无垃圾、无积水。厂房门窗应完整，墙壁、屋顶干净，无渗、漏雨，地面整洁。

（3）站内各上、下水道应畅通，无跑、冒、漏水现象。应查明生产、生活用水来源、场地水管走向以便将来维护。生活用水应符合饮用标准，生产用水满足消防、绿化要求。

（4）站内电缆沟要略高于地面。沟内电缆排列整齐，无杂物、无堵塞、无积水。电缆沟盖板应齐全完整，放置整齐。

（5）站内外照明设施（包括事故照明）、消防保卫设施应满足生产要求。

四、启动投产

1. 接收定值单、启动方案

（1）保护定值整定、启动方案编制等工作应由各级调控中心完成。继电保护定值整定单应于投产启动前1周下达，启动方案应提前5天下达。

（2）电气安装单位根据调控中心继电保护定值整定单设置保护定值，变电运维人员与电气安装单位人员仔细核对定值正确，打印签名并留档。

（3）变电运维人员应认真组织学习启动方案，并根据启动方案的要求，认真、仔细核对启动范围内所有一、二次设备命名是否正确，若发现不正确，要立即进行更正。

（4）班组在收到启动方案后应根据现场实际制定出详细的培训计划，及时开展以投产期间倒闸操作和事故处理为主的培训。

2. 落实投产前各项工作

（1）变电站正式启动投产前，运行投产准备必须具备以下条件：

1）有经审核的典型操作票及现场运行规程。

2）全站的一次设备命名牌、二次命名标签安装完毕且齐全、正确。

3）一次设备主接线模拟图板到位且安装完毕。

4）必需的安全用具配备齐全，有相应的试验报告并贴有试验合格标签，按定置摆放整齐。

5）必需的记录簿册配备齐全，并在控制室定置就位。

6）必需的流程图已上墙。

7）生产、生活必需的用具已到位，并按工作要求定置摆放。

8）必需的备品备件已按要求配置，并在备品备件柜内按定置就位。

9）常用的工器具已按要求配置，并在工具箱内定置就位。

10）交直流熔丝配置表、各级调度人员名单、工作票签发人名单、工作负责人名单、设备限额表、紧急拉闸顺序表等必备的图表已完成。

11）变电站的各类电话按工作要求设置并已开通，主要的联系电话号码明确。

12）各类规程、图纸、台账、设备技术资料已收集齐全并归档存放。

13）变电运维人员已经过定岗考试，并有本单位人资批复的正式文件，相应岗位的上岗牌制作完成。

14）启动方案已交底，启动操作票已审核正确。

（2）变电站正式启动投产前，变电运维部门应组织力量按投产准备工作项目及标准对变电站投产准备工作进行一次全面的检查，确保投产准备工作的全面完成。

（3）变电运维部门分管领导、变电运维班主管技术员、班组管理人员应参加单位组织召开的启动投产会议。

（4）启动投产的正式日期确定后，变电运维部门应及时召开投产相关变电站参加的专项会议，讨论、分析启动投产计划、人员安排、危险点及控制措施。

（5）变电站正式投产前，所属变电运维班应召开启动投产动员会，明确投产期间的人员分工、职责及各种具体措施的落实。

3. 接受预令并拟票

（1）变电站在收到投产启动预令后，应认真审核操作预令并与启动方案核对，确定无误后安排人员拟票。

（2）变电运维班管理人员和变电运维班主管技术员必须参与预令和操作票的审核。

（3）变电运维班变电运维人员应组织启动当日操作人员做好事故预想。

4. 启动状态摆放核对

（1）变电运维班管理人员收到启动方案后应拟定"启动设备状态核对卡""启动设备状态核对卡"，具体内容根据启动方案中要求编制。

（2）在投产前启动状态摆放核对时，变电运维班管理人员及变电运维班主管技术员必须亲自参与，并组织班组骨干认真做好自查，自查结果由变电运维班班组管理人员负责在"启动设备状态核对卡"上做好记录并签名。

（3）在启动投产总指挥发布启动开始命令前，必须对所摆设的设备状态方式（包括二次保护）进行最后一次复查，检查结果在"启动设备状态核对卡"上做好记录。

5. 正式启动

（1）新设备自当值变电运维人员向调控中心汇报具备启动条件起，即属于调度管辖设备，改变设备的状态必须有调控中心的正式操作命令。

（2）投产期间，应按岗位安排好操作人员与协助人员。操作人员应认真执行启动投产操作票，严格按照倒闸操作作业规范和"六要、七禁、八步"要求进行操作。协助人员应认真配合操作人员操作，做好协助搬运接地线、检查设备状态、许可工作票等工作。禁止协助人员直接参与操作。

（3）变电站应根据本站实际认真执行启动投产操作票。严格执行倒闸操作作业规范，按"六要、七禁、八步"进行操作。

（4）变电站应根据投产计划，明确当天的冲击范围、启动内容、带电部位，工作危险点及注意事项，确保操作人员、协助人员均清楚。

（5）所有启动操作应严格按照启动方案的规定程序，规范作业，强化解锁钥匙管理，严防误操作。

（6）启动过程中如发现缺陷及异常，应立即暂停启动，并将情况汇报调控中心及启动指挥部。设备消缺工作应履行正常的检修申请手续，办理工作票。

（7）新设备启动过程中发生事故，当值人员应服从当值调度员指挥，迅速进行故障隔离。事故处理结束后，投产人员应将详细情况汇报调控中心，根据调度命令停止或继续启动工作。

（8）投产设备进入投产状态，无关人员禁止进入变电站，同时启动设备与其他设备间应设置围栏进行隔离。

6. 设备试运行

（1）每一设备投产后，变电运维人员均应检查一次设备的各项指标（机构压力、SF_6 气体压力等）是否在正常范围，二次设备信号、面板指示、压板投退状态是否正确，以确保投产后即能满足运行要求。

（2）设备启动结束后即进入 24 小时试运行，变电运维人员应对一、二次设备进行认真核对，检查其是否满足运行方式要求。一次设备的油色油位、油（气）压力是否正常。二次设备的指示灯、信号灯、保护的面板指示、压板的投退是否正确。直流系统运行及站用电是否正常，以确保全站设备正常运行。

（3）试运行期间，变电站应加强设备巡视，严格执行特巡及新投产设备的各项管理规定。

五、投产结束后的完善工作

启动投产结束后，变电运维班班组管理人员应尽快安排以下工作，要求在投产后规定的时间内完成。

1. 检查及核对工作

（1）对全站设备进行一次全面的红外测温。

（2）真正核对一、二次设备运行状态，正常情况下投入的压板、应亮的指示灯以及切换开关所切位置处应用红点标示。

（3）检查投产期间的两票执行情况，及时归档存放。

（4）在投运后一周内，班组管理人员组织人员再次检查各孔洞、挡板、缝隙等防小动物措施。

2. 上报投产总结

班组管理人员应尽快将启动过程中遇到的设备问题及注意事项列入现场运行规程和典型操作票。应及时进行书面总结，找出不足，整理出遗留问题（包括启动投产过程中出现的异常等），提出解决问题的建议。

第三节　变电站基建（技改）工程安全风险控制

班组应明确变电站工程配合总负责人，一般由班组管理人员兼任，主要负责审核应具备资料的完整性，安排值班方式，制订该工程班组的作业指导书，必要时指定工作负责人。

班组指定的工作负责人应由具备副值班员资格以上的非当值人员或经变电运维部门主管生产领导批准的人员担任。

1. 工作负责人的安全职责

（1）检查施工人员的《施工证》或《劳动证》。

（2）检查工作票所列安全措施是否正确完备和当值所做安全措施是否符合现场实际条件。

（3）结合当天工作进行安全思想教育。

（4）工作前对工作人员交待安全事项（工作范围、带电区域、进出通道及在工作中应注意的安全事项）。

（5）督促工作人员遵守安规和交待的安全注意事项，防止误入（登）带电间隔、误碰带电部位。保证施工设备与运行设备保持足够的安全距离，防止误碰运行设备。

安全教育应书面进行，施教完毕，双方在施教单上签名。

班组应根据每个工程的特点和变电站实际情况制订切实可行的作业指导书。作业指导书必须针对工程内容明确组织、技术、安全措施的相关要求，并以《安全责任书》中甲方承担的安全责任为基础，进行具体地细化和分解。作业指导书应在开工前制定，并完成审核和批准。

2. 扩建、技改工程期间的值班方式

（1）有人值班变电站一般保持原值班方式，并根据工程进展情况调整值班力量。

（2）无人值班变电站应根据工程需要实行有人值班方式，配备对扩建、技改工程变电站设备比较熟悉的变电运维人员，并保持人员相对固定。

第九章

外来人员安全管理

随着电力建设的迅速发展，外包工程越来越多，企业与外部、外委与主业之间发承包工程、外来用工等活动日益频繁。为了进一步规范外包工程和临时工管理，提升电力建设外包管理的能力，加强现场安全风险管控，确保人身和设备安全。本章结合变电运维安全生产实际，从变电站外来人员分类、资质审批、安全教育及安全监护责任划分等几方面详细介绍了外来人员安全管理的相关规定和要求。

第一节　变电站外来工作人员作业分类

进入变电站外来工作人员根据其工作性质分为以下五类：

第一类：电气扩建（含土建）工程由外单位承包的工作人员。

第二类：零星的电气、土建或外单位支援本单位的工作人员。

第三类：生产部门进入变电站工作需要使用的外来工作人员。

第四类：房屋修缮、变电站绿化施工维护等外来工作人员。

第五类：政府机关、上级领导进入变电站检查指导工作的人员。

第二节　变电站外来工作人员作业资质审批

外来工作人员进入变电站，无论工作时间长短，均须佩戴胸卡证，工作期间一律佩证上岗。

胸卡证由各单位安全监督部门统一制作，共分为四类：工作证、施工证、劳动证、检查证。施工证、工作证由各单位安全监督部门统一办理、发放和回收，劳动证、检查证由各单位基层部门统一向各单位安全监督部门领取，由部门统一管理。

变电站外来工作人员根据其工作性质的不同，应办理相应的资质审批手续，取得不同的胸卡证。

1. 第一类人员的胸卡证

外包施工单位人员需进入本单位管辖的变电站工作，并担任变电工作票签发人（适用于双签发）或工作负责人时，应办理如下审批手续：

（1）外包施工单位应在进入变电站施工前，应向本单位项目主管部门提供经外包施工单位批准的、具备担任工作票签发人、工作负责人资格的人员名单及最近一次安规考试成绩。

（2）由本单位项目主管部门进行资格确认（签署意见并盖章），核准后交本单位安全监督部门批准。

（3）由本单位项目主管部门进行全面的安全技术交底后，发放施工证。并提供经本单位相关部门批准的相应资质名单，变电站只需现场核对确认：

1）有本单位项目主管部门签署意见并盖章。

2）有本单位安全监察部门批准意见并盖章。

2. 第二类人员的胸卡证

对于由本单位设备运维、检修管理部门担任工作负责人的零星工作，应由本单位项目主管部门出具工作联系单，明确工作地点、工作时间、施工单位、施工负责人及相关施工人员等。外包施工单位应将施工人员名单及最近一次安规考试成绩报担任工作负责人所在的部门，由该部门安全监督机构根据联系单要求审批，落实现场安全施教后发放劳动证。对于不从事电气工作的人员，允许不提供安规考试成绩，但必须提供身份证复印件。

3. 第三类人员的胸卡证

招用临时工（包括签订劳务合同的临时工，如保安、后勤人员等），用工单位安监部门应对其年龄、健康状况、学历等方面进行严格审查。经审查合格后，用工单位应对其进行三级安全教育，建立安全教育记录档案，记录档案应包括施教人姓名、时间、地点、教育内容、受教人签名记录等内容，并发放工作证。对有劳务协议或合同的外来用工，变电站应建立专门档案，认真做好各项安全教育、培训考试、工种安排以及违章违纪等记录。

4. 第四类人员的胸卡证

由本单位项目主管部门出具工作联系单，联系单应明确工作地点、工作时间、施工单位、施工负责人及相关施工人员，并提供身份证复印件进行审批。经变电运维部门安监人员审核无误后发放相关审批材料和劳动证。

5. 第五类人员的胸卡证

政府机关、上级主管部门组织进行检查或工作的有关人员，负责接待联系工作的本单位有关部门应落实监护人，办理检查证发放手续，佩证进入生产施工现场。

在某些情况下，上级主管部门不通过本单位有关部门而直接进入生产班组施工现场检查工作时，现场人员在确认检查者的身份后，经现场负责人同意并落实监护人，做好必要的安全措施，方可进入施工现场。必要时，现场人员应及时向本单位有关部门或领导报告。

胸卡证的有效期：

（1）持劳动证的外来工作人员须每天进行一次安全施教、签名，劳动证有效期以劳动证上的有效期为准，如工作任务、安全措施变动须重新开具施教单进行施教。

（2）施工证按本单位安全监督部门签发的有效期执行。对到期后工作尚未结束的，则应重新施教并办理换证手续。

（3）工作证按本单位安全监督部门签发的有效期执行。

第三节 变电站外来工作人员安全教育

由变电运维部门变电运维班组担任工作负责人或监护人的各类工作，由班组负责对其工作人员进行现场安全教育。

1. 现场安全教育的主要内容

（1）明确工作任务、工作地点和进出通道。

（2）现场作业环境特点和安全措施的实施情况。

（3）设备不停电的安全距离。

（4）进入高压室，须随手关门的要求。

（5）进入 SF_6 开关室的安全要求。

（6）雷雨天气不得工作的要求。

（7）搬运物体，使用、传递工具的安全要求。

（8）进入作业现场戴安全帽的要求。

（9）高处作业（离地 2m）使用安全带、使用梯子的要求。

（10）动火工作的措施和要求。

（11）不得接触高低压设备外壳的要求。

（12）已做好低压安全措施的情况和要求。

（13）其他安全注意事项。

2. 安全教育记录填写规范

外来人员安全教育记录分《零星外来工作人员安全教育记录》正页与附页。

（1）正页使用规定：

1）第一次安全教育均必须使用正页。

2）安全教育时应先写明教育内容（一式两份），再集中实施教育，并双方签名（每个临时工均应签名），第二联交临时工收执。

（2）附页使用规定：

1）在工作性质、安全教育内容、临时工负责人不变的情况下，并已在正页中实施安全教育后，直至工作票工作计划周期内的其余几次可在附页中进行。

2）仅要求一份，由变电站保存，并粘贴在对应正页后面。

3）每个受教人均应自行签名，代签名的应盖手印。

第四节　变电站外来工作人员安全监护责任分类

所有进入变电站的外来工作人员均须落实监护，各类外来工作人员的监护按以下原则落实。

（1）属于第一、二类人员，由本单位项目实施部门落实监护，变电站变电运维人员配合进行。有条件的，亦可聘用经安规考试合格、通过三级安全教育、本单位安全监督部门认可的专职监护人担任。

（2）属于第三类人员，由本单位项目主管部门自行落实。工作前，工作负责人应对全体工作人员进行"邻近带电设备名称、工作内容、现场安全措施、与带电设备的安全距离、危险点预控和安规有关要求等内容"的安全教育，双方签名，各方留存。对短期参加二次设备、监控设备的厂家等外来人员，除了进行必要的安全施教外，还应在安全施教单中增填《安规》中二次系统相关的安全规定、要求和注意事项等内容，经考试确认，双方签名，各方留存。

（3）属于第四类人员，由变电运维班落实监护。监护人的安全职责包括：

1）检查施工人员的劳动证。

2）检查工作票所列安全措施是否正确完备和当值所做安全措施是否符合现场实际条件。对于不使用工作票的工作，至少应有两人进行，同时必须落实该工作的现场负责人，办理工作许可手续，变电运维人员应加强监督。

3）结合当天工作进行安全教育。

4）工作前对工作人员交待安全事项（工作范围、带电区域、进出通道及在工作中应注意的安全事项）。

5）督促工作人员遵守《安规》和交待的安全注意事项，防止误入（登）带电间隔、误碰带电部位。保证施工设备与运行设备保持足够的安全距离，防止误碰运行设备。

6）每日工作前进行书面安全教育。

（4）属于第五类人员，由本单位接待部门具有单独巡视高压设备资格的人或变电运维人员陪同。监护人必须向检查人员简要介绍带电设备、活动范围及必要的安全注意事项。一进入生产施工现场，监护人必须自始至终履行监护职责，若有事必须离开监护岗位时，应另行指派其他人员代替，并告之接待联系部门。

第十章

变电站治安消防安全管理

治安消防安全工作是电力安全生产的一个重要组成部分，它不仅关系到电力企业自身的生产、财产和人身安全，而且直接影响着地方经济的发展和人民的安居乐业。消防工作重在防范，我们要始终坚持"预防为主，防消结合"的工作方针，防患于未然，把各类火险隐患消灭在萌芽状态。从事电力工作的全体人员应掌握"四懂四会"消防知识，四懂四会，即懂基本消防常识、懂本岗位产生火灾的危险源、懂本岗位预防火灾的措施、懂疏散逃生方法；会报火警、会使用灭火器材灭火、会查改火灾隐患、会扑救初起火灾。

第一节 变电站消防管理基本工作

一、建立完备的消防安全责任制

电力生产企业应按照"谁主管、谁负责"的原则，建立各级人员和部门的防火责任制。现场消防系统或消防设施应按区划分，并指定专人负责定期检查和维护管理，保证完好可用。变电站应建立防火档案，防火档案是记录本变电站消防工作和消防基本情况的文书档案，也是消防的基础管理工作。防火档案应包括以下几个方面：

（1）本变电站概况。

（2）各种防火制度和实施细则。

（3）各级防火领导人、防火责任人和防火委员会、防火领导小组的名单。

（4）各部门志愿消防员名单和专职消防队员名单。

（5）防火重点部位工作人员名单。

（6）各部位、场所消防设施的布置、配备情况。

（7）各级防火承包合同书。

（8）历次防火检查情况。

（9）火险隐患的方案和销案记录。

（10）重要消防活动、会议的记录。

（11）历次火灾事故的报告以及预防措施。

（12）防火重点部位火灾灭火方案。

二、要有兼职的志愿消防队

（1）各部门、各班组、各部位均应设志愿消防员，志愿消防员的人数不应少于职工总数的 10%，防火重点部位不应少于 50%。志愿消防队应根据消防人员变动、身体和年龄等情况，及时进行调整或补充，并公布。

（2）专职和志愿消防队应定期组织活动，并做到有计划、有组织、有内容。志愿消防队消防活动每季不应少于一次，消防演习每年不少于一次。专职消防队消防活动每周不应少于一次，消防演习每半年不少于一次。

（3）掌握各类消防设施、消防器材和正压式消防空气呼吸器等的适用范围和使用方法。

（4）熟知相关的灭火和应急疏散预案，发生火灾时能熟练扑救初起火灾、组织引导人员安全疏散及进行应急救援。

（5）根据工作安排负责一、二级动火作业的现场消防监护工作。

三、对消防安全重点部位的管理

（1）消防安全重点部位是指火灾危险性大、发生火灾损失大、伤亡大、影响大的部位和场所，一般指燃料油罐区、变压器等注油设备，电缆间以及电缆通道、控制室、集控室、计算机房、通信机房、蓄电池室、易燃易爆物品存放场所以及各单位主管认定的其他部位和场所。

（2）消防安全重点部位应建立岗位防火职责，设置明显的防火标志，并在入口处位置悬挂防火警示标示牌。标示牌的内容应包括消防安全重点部位的名称、消防管理措施、灭火和应急疏散方案及防火责任人。

（3）防火重点部位或场所应建立防火检查制度。防火检查制度应规定检查形式、内容、项目、周期和检查人。防火检查应有组织、有计划，对检查结果应有记录，对发现的火险隐患应立案并限期整改。

（4）防火重点部位或场所以及禁止明火区如需动火工作时，必须执行动火工作票制度。

四、变电站的一般消防措施

（1）110kV 及以上变电站场地的重要道路应建成环形，并应有道路与主要建筑物和消防队（所）连通。一般变电站设环形道路有困难时，应设有回车道或回车场，所内的道路应保持畅通。

（2）变电站内应配置必要的消防设施，并根据需要配备合格的呼吸保护器，现场消防设施不得移作他用。现场消防设施确因工作需要而移动、拆除或损坏时，应采取临时防火措施以及事先通知保卫（消防）部门，并得到上级防火责任人的批准，工作完毕后必须及时恢复。现场消防设施周围不得堆放杂物和其他设备，消防用砂应保持充足和干燥。消防沙箱、消防桶和消防铲、斧把上应涂红色。

（3）防火重点部位和场所应按规定装设火灾自动报警装置或固定灭火装置，并使其符合设计技术规定。

（4）防火重点部位禁止吸烟，并应有明显标志，其他生产现场不准流动吸烟，吸烟应有指定地点。

（5）工作间断或结束时应清理和检查现场，消除火险隐患。

（6）排水沟、电缆沟、管沟等沟坑内不应有积油。

（7）生产现场严禁存放易燃易爆物品。

五、变电站的一般灭火规则

（1）变电站非生产区发现火灾，必须立即扑救并通知消防队和有关部门领导。设有火灾自动报警装置或固定灭火装置时，应立即启动报警或灭火。

（2）火灾报警要点为：

1）火灾地点。

2）火势情况。

3）燃烧物和大约数量、范围。

4）报警人姓名及电话号码。

5）公安消防部门需要了解的其他情况。

（3）电气设备发生火灾时应首先报告当值值长和有关调控中心，并立即将有关设备的电源切断，采取紧急隔停措施。电气设备灭火时，仅准许在熟悉该设备带电部分人员的指挥或带领下进行灭火。

（4）参加灭火人员在灭火的过程中应避免发生次生灾害。

参加灭火的人员在灭火时应防止被火烧伤或被燃烧物所产生的气体引起中毒、窒息以及防止引起爆炸。电气设备上灭火时还应防止触电。灭火人员在空气疏通不畅或可能产生有毒气体的场所灭火时，应使用正压式消防空气呼吸器。

（5）消防队未到火灾现场前，临时灭火指挥人应由下列人员担任：

1）运行设备火灾时由当值值（班）长担任。

2）其他设备火灾时由现场负责人担任。

（6）消防队到达火场时，临时灭火指挥人应立即与消防队负责人取得联系并交待失火设备现状和运行设备状况，然后协助消防队灭火。

（7）电力生产设备火灾扑灭后必须保持火灾现场。

（8）灭火剂的选用原则为：

1）灭火的有效性。

2）对设备的影响。

3）对人体的影响。

六、变电站消防应急预案管理

（1）变电站消防应急预案主要指变电站主变压器消防应急方案，目前主变压器灭火装置的配置一般分为水喷淋灭火系统和 SP 泡沫灭火系统两类。主变压器消防应急预案应包括系统正常运行时巡视检查维护、火灾时的处理步骤、系统异常情况处理。

（2）水喷淋灭火系统应急方案一般包括消防泵电源的供电及切换方式、消防泵的投切方式、定期切换试验及维护、运行中注意事项、火灾报警后的处理、系统异常运行情况的处理等内容。

（3）采用泡沫喷雾灭火装置时，应符合 GB 50151—2010《泡沫灭火系统涉及规范》的有关规定。SP 泡沫灭火系统应急方案一般包括系统正常运行规定、正常巡视项目、火灾报警后的处理、系统异常运行情况的处理等内容。

（4）为防止在主变压器正常运行时主变压器灭火装置误动作，目前系统一般要求在手动状态。在有火情时由变电运维人员手工启动，并要求在应急方案中详细说明启动步骤。

第二节　变电站重要防火部位的消防措施

一、电力变压器

（1）油浸式变压器单台容量在 125MVA 及以上时，应设固定自动灭火系统及火灾自动报警系统。变压器排油注氮灭火装置和泡沫喷雾灭火装置的火灾报警系统宜单独设置。干式电力变压器可不设置固定自动灭火系统。

（2）户外油浸式变压器之间设置防火墙时应符合下列要求：

1）防火墙的高度应高于变压器的储油柜，防火墙的长度不应小于变压器的贮油池两侧各 1.0m。

2）防火墙与变压器散热器外廓距离不应小于 1.0m。

3）防火墙应达到一级耐火等级。

（3）变压器事故排油应符合下列要求：

1）设置有带油水分离措施的总事故油池时，位于地面之上的变压器对应的总事故油池容量应按最大一台变压器油量的 60%确定。位于地面之下的变压器对应的总事故油池容量应按最大一台主变压器油量的 100%确定。

2）事故油坑设有卵石层时，应定期检查和清理，以不被淤泥、灰渣及积土所堵塞。

（4）高层建筑内的电力变压器等设备，宜设置在高层建筑外的专用房间内。

当受条件限制需与高层建筑贴邻布置时，应设置在耐火等级不低于二级的建筑内，并应采用防火墙与高层建筑隔开，且不应贴邻人员密集场所。

受条件限制需布置在高层建筑内时，不应布置在人员密集场所的上一层、下一层或贴邻，并应符合 GB 50045—2005《高层民用建筑设计防火规范》的相关规定。

（5）变压器防爆筒的出口端应向下，并防止产生阻力，防爆膜宜采用脆性材料。

（6）室内的油浸变压器，宜设置事故排烟或消烟设施。火灾时，送风系统应停用。室内（或洞内）变压器的顶部，不宜敷设电缆。

（7）室外变电站和有隔离油源设施的室内油浸设备失火时，可用水灭火，无放油管路时，则不应用水灭火。

（8）220kV 变电站主变压器一般还配置了变压器水喷淋系统或者 SP 系统，当主变压器着火时，能够自动进行灭火，如果系统处于手动状态，则必须在着火第一时间开启系统进行灭火。

二、电缆

（1）电缆防火的主要措施有封、堵、涂、隔、包、水喷雾、悬挂式干粉等。结合单位实际可具体采用设防火墙、防火隔板分隔、有机或无机堵料封堵、防火包充填、涂刷防火涂料和悬挂 1211 或二氧化碳自爆式灭火器等措施。

（2）下列部位应设计防止电缆火灾蔓延的阻燃或分隔措施：

1）电缆从室外进入控制室、配电装置室的入口处、所区围墙处、电缆竖井出入口处、公用主电缆沟道与支道的分支处、长度超过 100m 的电缆沟（隧）道应设计防火隔墙进行防火分隔。

2）电缆竖井零米层以及穿过各层楼板的竖井口，或竖井长度大于 7m 时，每隔 7m 应设置防火分隔，并采取防止坠塌的加固措施。

3）电缆排管、地下埋管，应在电缆排管、埋管两端用有机堵料进行封堵。

4）控制室、继保室、通信室电缆夹层的所有墙洞、楼板孔洞及盘柜底部开孔处均应用防火隔板结合有机堵料封堵严密。

5）室内高压配电柜内的控制、电力电缆引入处均应进行防火封堵。

6）室内电缆沟各电缆引出孔洞应进行防火分隔。

7）室外各类端子箱、电源箱、机构箱电缆引出孔及引入埋管、电缆沟的孔洞应进行防火封堵。

（3）电缆敷设及通道设计防火封堵：

1）对直流照明、消防报警、应急照明、水泵房、双重化保护装置等重要回路的双回路电缆，宜将双回路分别布置在两个相互独立或有防火分隔的通道中。不能满足上述要求时，应将其中一回路采取防火措施。

2）当电缆明敷时，在高压电缆的中间接头处两侧各 2～3m 区段，以及沿该电缆平行敷设的其他电缆同一长度范围内，应涂刷防火涂料。

3）电缆敷设不宜将动力电缆与控制电缆混放。

（4）电缆防火措施的采用：

1）电缆沟道的防火分隔应设计为阻火墙，阻火墙可采用无机堵料灌注，在电缆周边留一定的预留空间，并用有机堵料封堵严密。阻火墙的高度应与电缆沟高度持平，厚度不小于 15cm，室外沟道阻火墙底部应设排水管孔。阻火墙两侧各 1.5m 的电缆应涂防火涂料。

2）凡穿越楼板、墙壁、沟壁的电缆孔、洞应用有机堵料封堵，面积较大的孔洞可采用防火隔板和有机堵料相结合的方法封堵。

3）电缆进入柜、屏、台、箱等的孔洞可采用防火隔板和有机堵料相结合的封堵方法，有机堵料厚度应高于防火隔板 2cm，宽度应不小于离电缆束外缘 3cm。可能进入的屏、柜底部封堵，为防止坠人事故，防火隔板应选用 A 型厚板，隔板与屏柜、楼板的搭接处不应小于 5cm。

4）电缆竖井的防火分隔层应至少能承受 250 千克重。

（5）电缆防火施工验收。

1）防火隔板安装应牢固，可能进入的防火分隔层应采取防坠塌的加固措施，对工艺缺口与缝隙较大部位要进行防火封堵。

2）有机防火堵料应牢固严实，无脱落现象，表面应平整光洁。

3）无机防火堵料的封堵表面应平整光洁，不得有粉化、硬化、开裂等缺陷。

4）防火涂料的涂刷表面应光洁干燥，涂刷应均匀，不应有漏涂现象。每次涂刷间隔时间和厚度达到规定要求。

5）阻火包的堆砌应密实牢固，外观平整美观。

6）各类防火封堵、分隔措施均应以对侧不透光为合格。

（6）电缆防火措施的维护和管理。

1）电缆防火措施维护、管理的责任单位为设备运行、所辖单位。各责任单位应切实履行消防工作"谁主管，谁负责"的管理方针，每季定期开展电缆防火安全检查，及时整改发现的电缆火险隐患。

2）各单位安全监督部门是各单位电缆防火工作的监督、主管部门，负责开展本单位的电缆防火验安全检查，督促、指导各部门加强电缆防火管理、整改火险隐患，主持落实重大电缆火险隐患的整改方案。

3）因工作需要开挖电缆防火封堵，施工方需经所辖变电运维班变电运维人员同意，并在施工现场采取必要的防止电缆火灾措施，施工结束后"谁开挖，谁负责复原"，变电运维班变电运维人员要仔细检查开挖的电缆封堵是否补封严密且符合工艺要求，未按要求补封不得结束工作。

4）对一些原基建移留或因大面积改造造成的较大范围防火封堵缺陷，应由设备运维管理部门及时向公司安全监督部门审报改造计划，由公司落实专项经费后，请专业施工单位帮助整改。

三、蓄电池室

（1）严禁在蓄电池室内吸烟和将任何火种带入蓄电池室内。蓄电池室门上应有"蓄电池室"，"严禁烟火"或"火灾危险，严禁火种入内"等标示牌。

（2）蓄电池室每组宜布置在单独的室内，如确有困难，应在每组蓄电池之间设置耐火时间为大于 2h 的防火隔断。蓄电池室门应向外开。

（3）酸性蓄电池室内装修应有防酸措施。

（4）容易产生爆炸性气体的蓄电池室内应安装防爆型探测器。

（5）蓄电池室应装有通风装置，通风道应单独设置，不应通向烟道或厂房内的总通风系统。离通风管出口处 10m 内有引爆物质场所时，则通风管的出风口至少应高出该建筑物屋顶 2m。

（6）蓄电池室应使用防爆型照明和防爆型排风机，开关、熔断器、插座等应装在蓄电池室的外面。蓄电池室的照明线应采用耐酸导线，并用暗线敷设。检修用行灯应采用 12V 防爆灯，其电缆应用绝缘良好的胶质软线。

（7）凡是进出蓄电池室的电缆、电线，在穿墙处应用耐酸瓷管或聚氯乙烯硬管穿线，并在其进出口端用耐酸材料将管口封堵。

（8）当蓄电池室受到外界火势威胁时，应立即停止充电，如充电刚完毕，则应继续开启排风机，抽出室内氢气。

（9）蓄电池室火灾时，应立即停止充电并灭火。

（10）蓄电池室通风装置的电气设备或蓄电池室的空气入口处附近火灾时，应立即切断该设备的电源。

（11）其他蓄电池室（阀控式密封铅酸蓄电池室、无氢蓄电池室、锂电池室、钠硫电池、UPS 室等）应符合下列要求：

1）蓄电池室应装有通向室外的有效通风装置，阀控式密封铅酸蓄电池室内的照明、通风设备可不考虑防爆。

2）锂电池、钠硫电池设置在专用的房间内，建筑面积小于 200m² 时，应设置干粉灭火器或消防沙箱。建筑面积不小于 200m² 时，宜设置气体灭火系统和自动报警系统。

四、控制室、通信室、继保室

（1）各室应建在远离有害气体源，存放腐蚀及易燃易爆物的场所。

（2）各室的隔墙、顶棚内装饰，应采用难燃或不燃材料。

（3）控制室应有不少于两个疏散出口。

（4）各室严禁吸烟，禁止明火取暖。计算机房维修必用的各种溶剂，包括汽油、酒精、丙酮、甲苯等易燃剂应采用限量办法，每次带入室内不超过 100mL。

（5）严禁将带有易燃、易爆、有毒、有害介质的氢压表、油压表等一次仪表装入控制室、计算机室。

（6）室内使用的测试仪表、电烙铁、吸尘器等用毕后必须及时切断电源，并放到固定的金属架上。

（7）各室配电线路应采用阻燃措施或防延燃措施，严禁任意拉接临时电线。

（8）各室一旦发生火灾报警，应迅速查明原因，及时消除警情。若已发生火灾，则应切断交流电源，开启直流事故照明，关闭通风管防火阀，采用气体等灭火器进行灭火。

第三节　变电站消防设施的日常维护检查

一、消防日常检查维护要求

变电站应按照要求进行消防设施的日常维护和管理工作，应确定巡查的人员、内容、部位和频次。防火巡查应包括下列内容：

（1）用火、用电有无违章，安全出口、疏散通道是否畅通，安全疏散指示标志、应急照明是否完好。消防设施、器材情况。

（2）消防安全标志是否在位、完整。常闭式防火门是否处于关闭状态，防火卷帘下是否堆放物品影响使用等消防安全情况。

（3）防火巡查人员应当及时纠正违章行为，妥善处置发现的问题和火灾危险，无法当场处置的，应当立即报告。发现初起火灾应立即报警并及时扑救。

（4）防火巡查应填写巡查记录，巡查人员应在巡查记录上签名。

二、消防设施维护检查要求

1. 干粉灭火器

干粉灭火器由变电运维人员每月检查一次，并作相应记录。检查内容为：

（1）铅封完好无损；

（2）外表无严重锈蚀；

（3）零部件完好，皮管无老花、断裂；

（4）灭火器的压力表指针应在绿区范围内，插销能转动；推车式灭火器喷管转盘能转动，喷管无裂缝、无老化、无霉变，喷抢扳机扣得下。

（5）充装日期不过期，有合格证；

（6）灭火器箱无严重锈蚀，符合消防管理要求。

2. 消火栓系统

消火栓系统由变电运维人员每月检查一次，并作相应记录。检查内容为：

（1）消火栓、消防水枪、消防水带、消火栓扳手等是否完好齐全，无生锈、老化、漏水现象。

（2）消防水带无老化、无霉变，接口垫圈无脱落；

（3）地上消火栓三面接口要能打开，中间开关能旋转；室内消火栓阀轮能转动。

（4）清除杂物、放尽锈水；

（5）户外消火栓 30m 内严禁堆物，15m 内严禁停车；

（6）消防水管不生锈、无漏水现象；

（7）消火栓箱无严重锈蚀，符合消防管理要求；

3. 消防水带

消防水带水压试验内容为：

消防水带的使用年限一般户外三年，户内五年，由于水带长期处于户外高温高湿的环境，容易引起水带脆化、老化等现象，为防止火灾时水带不能正常使用，要求定期对水带进行水压试验，试验周期一般为每半年一次。试验方法为将若干水带首尾相连，并接上消防栓和水枪头，开启消防栓放水，水枪出水五分钟，检查水带有无漏水、爆裂现象。

4. 消防沙系统

消防沙系统由变电运维人员每月检查一次，并作相应记录。检查内容为：

（1）消防沙是否干燥、数量是否满足要求。

（2）消防铅桶应装满细沙。

（3）消防铲、消防铅桶无严重锈蚀。

（4）消防锹柄要牢固，消防桶内无积水，沙子要干燥。

（5）消防沙箱关闭正常（不应锁住），符合消防管理要求。

5. 防烟（防毒）面具

防烟（防毒）面具由变电运维人员每月检查一次，并作相应记录。检查内容为：

（1）呼吸器在有效期范围内，有合格证。

（2）呼吸器纸封完好无损，如纸封已破，则检查真空包装袋完好无损。

（3）应在主控室专用柜内，周边无热源，易燃、易爆及腐蚀物品，通风良好，无雨淋及潮气侵蚀存放。

（4）呼吸器有编号，符合消防管理要求。

（5）呼吸器超过有效期或真空包装袋已撕破时，严禁存放或使用。

6. 防火封堵系统

防火封堵系统由变电运维人员每季检查一次，并作相应记录。检查内容为：

（1）电缆层、电缆井和电缆沟保持清洁，不得堆放杂物，电缆沟内严禁积油。

（2）防火墙两侧电缆进出的涂料应正常，无龟裂现象。

（3）防火封堵、防火墙应正常，符合消防管理要求）。

7. 烟感报警装置

烟感报警装置要求每季一次进行试验，以确保烟感探头能正常动作，通常试验办法是将发烟器靠近烟感探头以试验其灵敏度。

8. SP泡沫灭火系统

SP泡沫喷雾灭火装置是采用合成泡沫灭火剂中添加高能阻燃剂作为灭火药剂，在一定压力下通过专用的水雾喷头，将其喷射到灭火对象上，使之迅速灭火的一种新型灭火系统。该灭火系统吸收了水雾灭火和泡沫灭火的优点，借助水雾和泡沫的冷却、窒息、乳化、隔离等综合作用实现迅速灭火的目的，是一种"高效、安全、经济、环保"的灭火系统。

SP泡沫喷雾灭火装置主要由储液罐、合成泡沫灭火剂、分区阀、控制阀、安全阀、驱动装置、动力瓶组、减压阀、单向阀、控制盘、水雾喷头及管网等组成。系统基本构成示意如图 10-1 所示。

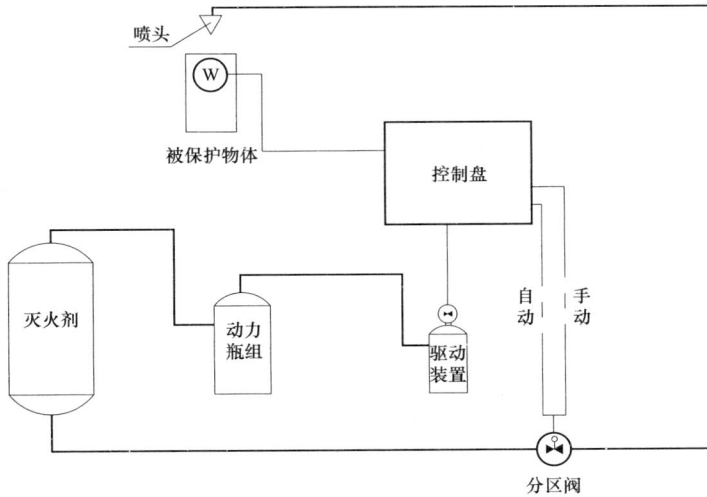

图 10-1 SP 泡沫喷雾灭火装置系统基本构成图

装置工作原理：控制盘接收到被保护物火警信号后，打开驱动装置启动动力瓶组，动力瓶组内的高压氮气经减压阀减压后，通过集流管进入储液罐；当储液罐内压力达到一定值后，控制盘打开分区阀，灭火剂在气体推动下，通过灭火剂流通管路，最后从喷头喷向被保护物。

SP 泡沫喷雾灭火装置应有完善的操作、维护管理规程，并由经过专业培训的人员进行操作和维护管理，从而确保灭火系统能够正常工作。

（1）使用操作说明。

1）警戒状态：平时，本系统动力瓶组处于警戒待用状态。高压钢瓶中的压缩气体被瓶头容器阀可靠地密封在瓶内，容器阀以外的部件和管路均处于常压状态，瓶内的压力可以通过一个高压阀门和一只压力表测出。

2）启动过程：当出现火险，火灾报警系统联动控制系统自动（或手动）打开瓶头的电磁阀，阀内撞针撞破密封膜片，释放出的气体冲破动力瓶组密封膜片，启动动力瓶组。动力源钢瓶内的高压气体随即出瓶，通过瓶头容器阀进入减压阀，减至一定压力后，再输送到储液罐中。罐内压力逐渐增高（压力超出规定压力时，安全阀自动打开），氮气推动灭火剂，通过喷头雾化进行灭火，保护被保护物。

3）应急启动过程：在停电或控制装置失灵等情况下，无法通过火灾报警联动控制系统（自动或手动）启动动力瓶组时，可由操作人员拔掉启动源瓶头电磁阀上的保险卡环，然后敲打电磁阀上的铜按钮，启动动力瓶组，当罐内压力达到 0.5～0.65MPa 时使用专用扳手打开电磁控制阀，从而启动灭火系统。

4）灭火系统的恢复：本系统中的动力瓶组及合成泡沫灭火剂只供一次灭火喷放使

用。灭火结束后，必须将动力瓶组的所有空瓶重新充气并复位，以供下次使用；同时将储液罐重新灌装灭火剂。此工作必须由供货商或产品生产商完成。

（2）注意事项。

1）本系统应安放在安全、不易被外人接近的地方，一般均设立专用 SP 泡沫室。

2）动力瓶组的瓶内气体压力会随环境温度的变化而变化，因此，应避免置于高温或阳光直射的场合。安装场所应干燥、通风良好，避免氮气动源受到冲击和震动。

3）应定期检测动力瓶组的瓶内压力，并做好记录，当压力高于 15MPa 时，可以拆去测压表，松开减压阀手柄排气泄压，瓶内气体压力泄漏至规定压力以下时，应及时补充气体。

4）灭火系统应定期检查维护，以确保其安全有效。

5）非专业人员，不得擅自触动本系统。

6）减压阀在装置出厂前，已将出口压力调校至固定值，再在安装和使用时，不得随意扭动调节手柄。若不慎变动了手柄位置，应由专业人员重新调校。

7）对灭火系统进行检修、调试时，必需先拆去钢瓶与气体管路之间的连接螺帽，以防误动作造成气体喷放。

（3）灭火剂灌装。

当合成泡沫灭火剂过期后，应及时更换，现场灌装时按以下步骤操作：

1）打开储液罐灭火剂灌装口与排放口堵头。

2）打开排放阀，将储液罐内残留的水排净。

3）关闭排放阀，并将排口用堵头密封。

4）将灭火剂灌装管道插入灭火剂灌装口，管道出口离储液罐底部不超过 10cm。

5）将灭火剂灌装管道与水泵出口连接并紧固。

6）接通电源，将桶内灭火剂抽入储液罐内。

（4）维护管理。

1）储液罐。目测巡检完好状况，无碰撞变形及其他机械性损伤。检查周期：每月。

2）合成泡沫灭火剂。有效期为五年，由于各地区自然环境不同，使用寿命也各不相同，五年后应由供货商或生产商对灭火剂进行检测或更换。

3）驱动装置。目测巡检完好状况，无碰撞变形及其他机械性损伤；目测检查铅封完好状况。检查周期：每月。检测压力，压力值不应小于 4MPa。检查周期：每年。

4）动力瓶组。目测巡检完好状况，无碰撞变形及其他机械性损伤；目测检查铅封完好状况。检查周期：每月。检测压力，压力值不应小于 8MPa。检查周期：每年。

5）电磁阀。目测巡检完好状况，无碰撞变形及其他机械性损伤；目测检查铅封完好状况。检查周期：每月。

6）分区阀。目测巡检完好状况，无碰撞变形及其他机械性损伤；目测表盘为"SHUT"或"CLOSE"状态。检查周期：每月。

7）减压阀。目测巡检完好状况，无碰撞变形及其他机械性损伤。检查周期：每月。

8）安全阀。目测巡检完好状况及开闭状态。检查周期：每月。

9）压力表。目测巡检完好状况，压力值为"0"。检查周期：每月。

10）水雾喷头。目测巡检完好状况，检查有无异物堵塞喷头。检查周期：每月。

第四节 变电站动火管理

一、变电站动火级别

根据火灾危险性、发生火灾损失、影响等因素将动火级别分为一级动火、二级动火两个级别。

（1）火灾危险性很大，发生火灾造成后果很严重的部位、场所或设备应为一级动火区。

（2）一级动火区以外的防火重点部位、场所或设备及禁火区域应为二级动火区。

二、禁止动火条件

（1）油船、油车停靠区域。

（2）压力容器或管道未泄压前。

（3）存放易燃易爆物品的容器未清理干净，或未进行有效置换前。

（4）作业现场附近堆有易燃易爆物品，未作彻底清理或者未采取有效安全措施前。

（5）风力达五级以上的露天动火作业。

（6）附近有与明火作业相抵触的工种在作业。

（7）遇有火险异常情况未查明原因和消除前。

（8）带电设备未停电前。

（9）按国家和政府部门有关规定必须禁止动用明火的。

三、动火安全组织措施

（1）动火作业应落实动火安全组织措施，动火安全组织措施应包括动火工作票、工作许可、监护、间断和终结等措施。

（2）在一级动火区进行动火作业必须使用一级动火工作票。在二级动火区进行动火作业必须使用二级动火工作票。

（3）动火工作票应由动火工作负责人填写。动火工作票签发人不准兼任该项工作的工作负责人。动火工作票的审批人、消防监护人不准签发动火工作票。一级动火工作票一般应提前 8h 办理。

（4）动火工作票至少一式三份。一级动火工作票一份由工作负责人收执，一份由动火执行人收执，另一份由动火单位保存在单位安监部门。二级动火工作票一份由工作负责人收执，一份由动火执行人收执，一份保存在动火部门。若动火工作与运行有关，即需要运维人员对设备系统采取隔离、冲洗等防火安全措施者，还应多一份交运维人员收执。

（5）动火工作票不准代替设备停复役手续或检修工作票、工作任务单和事故紧急抢修单，并应在动火工作票上注明检修工作票、工作任务单和事故紧急抢修单的编号。

（6）动火工作票的审批应符合下列要求。

1）一级动火工作票：

由申请动火部门的动火工作票的签发人签发，本部门安监负责人、消防管理负责人审核，本部门分管生产的领导或技术负责人（总工程师）批准，必要时还应报当地公安消防部门批准。

2）二级动火工作票由申请动火部门的动火工作票签发人签发，本部门安监人员、消防人员审核，动火部门分管生产的领导或技术负责人（总工程师）批准。

（7）动火工作票经批准后相关执行要求。

1）动火工作票经批准后由工作负责人送交运维许可人。

2）动火工作票签发人不准兼任该项工作的工作负责人。动火工作票由动火工作负责人填写。动火工作票的审批人、消防监护人不准签发动火工作票。

3）动火单位到生产区域内动火时，动火工作票由设备运维管理单位（部门）签发和审批，也可由动火单位和设备运维管理单位（部门）实行"双签发"。

4）动火工作票的有效期。一级动火工作票应提前办理。一级动火工作票的有效期为 24h，二级动火工作票的有效期为 120h。动火作业超过有效期限，应重新办理动火工作票。

5）动火工作票所列人员的基本条件。一、二级动火工作票签发人应是经本单位[动火单位或设备运维管理单位（部门）考试合格并经本单位分管生产的领导（总工程师）批准并书面公布的有关部门负责人、技术负责人或有关班组班长、技术员。动火工作负责人应是具备检修工作负责人资格并经本部门考试合格的人员。动火执行人应具备有关部门颁发的合格证。

（8）动火工作票所列人员的主要安全责任。

1）动火工作票各级审批人员和签发人：

① 工作的必要性。

② 工作的安全性。

③ 工作票上所填安全措施是否正确完备。

2）动火工作负责人：

① 正确安全地组织动火工作。

② 负责检修应做的安全措施并使其完善。

③ 向有关人员布置动火工作，交待防火安全措施和进行安全教育。

④ 始终监督现场动火工作。

⑤ 负责办理动火工作票开工和终结。

⑥ 动火工作间断、终结时检查现场无残留火种。

3）运维许可人：

① 工作票所列安全措施是否正确完备，是否符合现场条件。

② 动火设备与运行设备是否确已隔绝。

③ 向工作负责人现场交待运行所做的安全措施。

4）消防监护人：

① 负责动火现场配备必要的、足够的消防设施。

② 负责检查现场消防安全措施的完善和正确。

③ 测定或指定专人测定动火部位（现场）可燃性气体、可燃液体的可燃气体含量符合安全要求。

④ 始终监视现场动火作业的动态，发现失火及时扑救。

⑤ 动火工作间断、终结时检查现场无残留火种。

5）动火执行人：

① 动火前应收到经审核批准且允许动火的动火工作票。

② 按本工种规定的安全要求做好安全措施。

③ 全面了解动火工作任务和要求，并在规定的范围内执行动火。

④ 动火工作间断、终结时清理并检查现场无残留火种。

（9）动火作业安全防火要求。

1）有条件拆下的构件，如油管、阀门等应拆下来移至安全场所。

2）可以采用不动火的方法代替而同样能够达到效果时，尽量采用替代的方法处理。

3）尽可能地把动火时间和范围压缩到最低限度。

4）凡盛有或盛过易燃易爆等化学危险物品的容器、设备、管道等生产、储存装置，在动火作业前应将其与生产系统彻底隔离，并进行清洗置换，经分析合格后，方可动火作业。

5）动火作业应有专人监护，动火作业前应清除动火现场及周围的易燃物品，或采取其他有效的安全防火措施，配备足够适用的消防器材。

6）动火作业现场的通排风要良好，以保证泄漏的气体能顺畅排走。

7）动火作业间断或终结后，应清理现场，确认无残留火种后，方可离开。

8）下列情况禁止动火：

① 压力容器或管道未泄压前；

② 存放易燃易爆物品的容器未清理干净前或未进行有效置换前；

③ 风力达 5 级以上的露天作业；

④ 喷漆现场；

⑤ 遇有火险异常情况未查明原因和消除前。

（10）动火的现场监护。

1）一级动火在首次动火时，各级审批人和动火工作票签发人均应到现场检查防火安全措施是否正确完备，测定可燃气体、易燃液体的可燃气体含量是否合格，并在监护下作明火试验，确无问题后方可动火。二级动火时，本部门分管生产的领导或技术负责人（总工程师）可不到现场。

2）一级动火时，动火部门分管生产的领导或技术负责人（总工程师）、消防（专职）人员应始终在现场监护。

3）二级动火时，动火部门应指定人员，并和消防（专职）人员或指定的义务消防员始终在现场监护。

4）一、二级动火工作在次日动火前应重新检查防火安全措施，并测定可燃气体、易燃液体的可燃气体含量，合格方可重新动火。

5）一级动火工作的过程中，应每隔 2～4h 测定一次现场可燃气体、易燃液体的可燃气体含量是否合格，当发现不合格或异常升高时应立即停止动火，在未查明原因或排除险情前不准动火。

（11）动火工作完毕后，动火执行人、消防监护人、动火工作负责人和运维许可人应检查现场有无残留火种，是否清洁等。确认无问题后，在动火工作票上填明动火工作结束时间，经四方签名后（若动火工作与运行无关，则三方签名即可），盖上"已终结"印章，动火工作方告终结。

（12）动火工作票保存 1 年。

第五节　变电站安全防范设施

变电站安全防范系统是以变电站防入侵、防盗窃、防破坏、防火和安全检查为目的，由人力防范（人防）、实体防范（物防）和技术防范（技防）组成的安全防范和控制体系。在变电站安全防范系统中，是以实体防护和入侵报警装置为核心，以视频安防监控系统的图像复核和图像记录为补充，以监控中心值班人员、运维单位巡检人员和巡逻保安力量为基础，以灯光辅助等其他子系统为辅助，各子系统之间相互独立工作又相互配合，从而形成一个全方位、多层次、立体的，点、线、面、空间防范相组合的防控体系。

人力防范（人防）是执行安全防范任务的具有相应素质的人员的一种有组织的防范行为（包括人、组织和管理等）。变电站人防包括远方监控中心值班人员和运维班、应急抢修班、公安派出所、志愿护线员或维保单位等相关人员及其组织管理。

实体防范（物防）是用于安全防范目的、能延迟风险事件发生的各种实体防护手段，包括建（构）筑物、屏障、器具、设备、系统等。

技术防范（技防）是利用各种电子信息设备组成系统，以提高探测、延迟、反应能力和防护功能的安全防范手段。变电站技防系统由入侵报警子系统、视频安防监控子系统、出入口控制子系统、灯光照明控制子系统、火灾报警子系统和信息联动管理单元组成。

一、常见入侵报警系统

变电站入侵的防护区大多在变电站围墙周界和变电站室内或控制室、开关室门口走廊，故变电站入侵报警系统包括周界入侵报警装置和室内入侵报警装置。

周界入侵报警装置是指在变电站周界布置探测器，当有人非法翻越或破坏围墙时发出入侵报警信号的装置。它包括各类入侵探测器、防盗报警控制器、告警器等。周界入侵报警装置主要有脉冲电子围栏和墙体振动报警装置。

室内入侵防盗报警系统是指能自动探测发生在布防监测空间区域的侵入行为，产生报警信号并提示入侵区域的防盗报警系统。通常由安装在重要出入口、室内、窗户等处的红外微波双鉴探测器、门磁、窗磁、振动探测器、紧急报警按钮、报警主机、声光报警器、管理键盘等构成。主要有门禁系统，视频安防监控系统、辅助灯光照明控制系统、安防监控中心。

二、变电站安全防范系统的配置

1. 变电站安全防护级别的确定

治安风险等级的划分应根据变电站的重要程度、当地社会治安状况以及电力设施遭受侵害后对公共安全和人身财产安全造成危害的程度，由低到高划分为四级风险、三级风险、二级风险和一级风险。

（1）800kV 及以上电压等级的变电站（换流站），规定的特级和一级重要电力用户供电的变电站或配电站的风险等级确定为一级风险。

（2）330～750kV 电压等级的变电站（换流站），规定的二级重要电力用户供电的变电站或配电站的风险等级确定为二级风险。

（3）220kV 变电站，110kV 重要负荷变电站的风险等级确定为三级风险。

（4）一、二、三级治安风险等级以外的 35～110kV 变电站的风险等级确定为四级风险。

（5）确定为二、三、四级治安风险等级的变电站，可根据当地相关社会治安状况的严峻性和可能遭受安全威胁的严重性相应提高风险等级。

2. 变电站安全防范系统典型配置

变电站安全防范系统典型配置，见表 10-1。

表 10-1　　　　　　　　　变电站安全防范设施配置表

安全防护级别	脉冲电子围栏	墙体振动报警装置	室内入侵防盗报警系统	视频安防监控系统	辅助灯光照明控制系统	出入口控制系统	火灾自动报警系统	实体防护装置	与安防监控中心联网
一级安全防护	■	■	■	■	■	■	■	■	■
二级安全防护	■	○	■	■	□	□	■	■	■

安全防护级别	脉冲电子围栏	墙体振动报警装置	室内入侵防盗报警系统	视频安防监控系统	辅助灯光照明控制系统	出入口控制系统	火灾自动报警系统	实体防护装置	与安防监控中心联网
三级安全防护	■	○	■	■	□	○	■	■	■
四级安全防护	□	—	■	□	○	○	■	■	■

■—应配置；□—宜配置；○—可根据需要配置；— —不需配置。

三、变电站日常治安管理

（1）变电站安全防范工作应坚持技防、物防、人防相结合的原则。

（2）变电站安全防范系统中，入侵、视频、灯光、门禁、消防等各子系统之间应实现联动控制。

（3）变电站入侵告警信号、火灾告警信号应接入调控中心监控系统。有条件的地区，变电站入侵告警信号宜接入公安机关 110 处警服务平台。

（4）安防监控中心应有保障值班人员正常工作的辅助设施，并由掌握安全防范技术专业知识和操作能力的人员 24h 值守。

（5）变电站一旦发生盗警、火警，应及时处置。对于无人值守变电站，应确保处警人员 30min 内赶到现场。

（6）变电站安全防范系统工程应与变电站主体工程同时设计、同时施工、同时验收、同时投入运行。新建变电站工程安全防范设施必须按本标准实施，已经运行的变电站逐步进行改造。

（7）变电站安全防范系统有缺陷时，按照设备缺陷程序进行记录、上报。如防火或防盗报警部分、全部功能故障，应填报重要缺陷，单个探头、摄像机故障填报一般缺陷。不得随意退出运行，确需退出时必须经上级同意并安排好相应防范措施。

（8）人防要求如下：

1）220kV 及以上变电站应设警卫室，警卫人员生活设施不得与变电运维人员生活设施混用，变电站的大门正常应关闭上锁。

2）外来人员进入变电站参观、学习、培训，经有关部门同意后，在变电运维人员的陪同下进行。非本单位工作人员和未在有关部门办理出入手续的其他人员不得进入变电站。

3）严格执行外来人员登记制度，对进入变电站的外来人员，应做好出入登记。变电站配有门卫人员的，不得擅自离岗，在门卫无人的情况下，变电站大门应关闭。

4）变电站保安每日必须对变电站大门、围墙、重要设备周围及其他要害部位进行巡视，发现问题及时采取措施处理。巡视时要求不得触碰生产设备并注意人身安全，并按照指定路线进出生产区。

5）变电站保安应能够正确使用各类报警电话，具有一定的判断、辨别、应变能力，会正确使用、操作消防器材和防盗设备。

（9）在发生重大治安突发事件、国家重大活动等特殊时段，以及国家有关部门发布安全预警情况下，应加强安全防范措施。

特殊时段的治安工作要求如下：

1）对技防设备进行必要的试验，确保技防设备工作正常。

2）对保卫人员进行安全教育和布置，对特定时期的相关注意事项进行交代。

3）要求保卫人员增加必要的巡逻次数和巡逻力量，熟悉突发事件的处置办法和相应的汇报流程，必要时应制定应对突发事件的应急预案。